Prof. Ch. DEBIERRE

L'Embryologie

EN

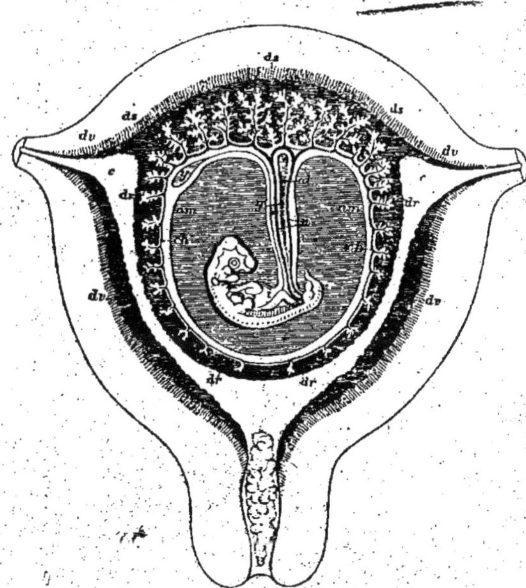

Quelques Leçons

Avec 144 figures dans le texte

PARIS

FÉLIX ALCAN, Éditeur

1902

Prof. Ch. DEBIERRE

L'Embryologie

EN

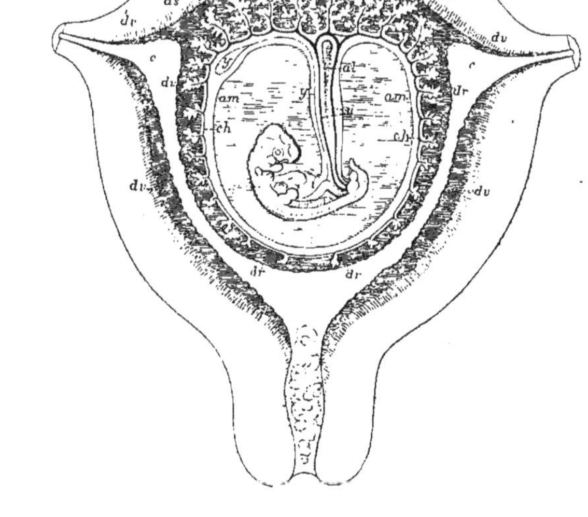

Quelques Leçons

Avec 144 figures dans le texte

PARIS

FÉLIX ALCAN, Éditeur

1902

LE BIGOT Frères, Imprimeurs.

PRÉFACE

Je livre aujourd'hui à la publicité les *Leçons* que j'ai professées à la Faculté de médecine de l'Université de Lille dans les premiers mois de l'année 1901.

Dans ces lecons, je n'ai eu qu'une ambition : la simplicité, la clarté, la précision. Mes efforts seront suffisamment récompensés si j'y ai réussi.

L'étudiant qui sait seulement son *Anatomie* ne sait pas assez. Sans doute il connaît l'organisation de l'homme, mais trop souvent le *comment* et le *pourquoi* de cette organisation lui échappe.

Pour parachever son éducation scientifique, l'étude du développement des organismes lui est indispensable. Voilà pourquoi à côté de son livre d'*Anatomie*, l'élève doit constamment avoir sur sa table de travail, son livre d'*Embryologie*.

Il ne deviendra vraiment capable de comprendre la *Biologie*, qu'il se le case bien dans la tête, qu'en prenant connaissance à la fois de l'Anatomie achevée et de l'Anatomie du développement.

Lille, Octobre 1901.

Ch. DEBIERRE.

PROLÉGOMÈNES

———

A la base de l'organisme de tout être vivant, il y a une cellule. Le corps des animaux, des plus humbles aux plus complexes, est formé de cellules (éléments anatomiques), associées en colonies séparées et spécialisées (tissus, organes) et des substances et corps sortis de ces cellules, et toute cellule vient d'une cellule préexistante. D'où l'aphorisme : *Omnis cellula e cellula.*

Si toute cellule dérive d'une cellule préexistante, on peut, lorsqu'on envisage la génération, transformer l'aphorisme ci-dessus en celui-ci : *Omne vivum ex ovo.* Tout être vivant provient, en effet, d'un œuf, ce mot étant entendu dans sa plus large expression.

L'élément anatomique est un organisme monocellulaire qui vit pour son propre compte dans cette espèce de République fédérale que représente l'organisme des animaux supérieurs, mais qui en même temps est associé à ses voisins pour la vie commune. Il reste soumis à la loi de la division du travail physiologique et celle-ci est toujours liée à la différenciation morphologique continue et successive.

L'ovule de tous les animaux n'est autre chose qu'une cellule de l'organisme du parent, spécialisée et préparée pour sa fonction génératrice. C'est de ses multiplications et de ses transformations successives que résultera l'organisme nouveau. L'épigénèse est la formule de l'ontogénie comme de la phylogénie; elle a porté à la fois un coup fatal au dogme de la préexistence et de l'emboîtement des germes et à celui de la Création.

Elle explique l'hérédité, aussi bien des caractères moraux que des caractères physiques. Car dans ses divisions successives, l'ovule fécondé, transporte aux enfants une parcelle des parents. La transmission à la première cellule de l'embryon, et, par parties rigoureusement égales, des chromosomes et des centrosomes de la cellule-mâle et de la cellule-femelle, et le partage des parties transmises à chaque division nouvelle, transportent, à travers la série des divisions cellulaires d'où dérivent les feuillets du blastoderme, tous les éléments anatomiques, les tissus, les organes et le corps tout entier, les substances du père et de la mère. La différenciation organique dérive des nécessités et des adaptations physiologiques, et elle est réglée par l'hérédité, d'où résulte la forme des organes et du corps.

Qu'est-ce, en effet, que l'hérédité, sinon la réapparition à un moment donné, chez le produit, des conditions physico-chimiques ou mécaniques identiques à celles qui ont déterminé chez le parent un état morphologique et physiologique semblable à celui qui se manifeste à ce moment même dans la progéniture? Les états mécaniques qui sont réalisés plus tard dans le développement et la statique d'un être vivant, sont déjà contenus à l'état potentiel dans le germe.

Comme je l'ai dit ailleurs, l'oospore une fois fécondée par le spermatozoïde, possède un pouvoir génésique qu'elle tient de l'hérédité. Celle-ci, maintenant toujours son action, transporte aux descendants l'adaptation individuelle récente, et les choses se continuant ainsi de générations en générations, on s'explique l'évolution généalogique. L'oospore, en se segmentant, remet le capital héréditaire à tous les éléments qui proviennent d'elle. Mais la complexité de la masse héréditaire ne vient pas seulement des additions successives que reçoivent, à chaque génération, les microsomes ancestraux, mais aussi des soustractions qu'ils subissent lors de la réduction karyogamique. C'est ce qui fait, ainsi que l'a remarqué Herbert Spencer, que chaque individu commence son développement avec un capital différent, avec un capital personnel.

L'hérédité donne ainsi lieu à la *fixité de l'espèce*. Elle n'est troublée que par des caractères nouveaux qui proviennent de l'adaptation et qui peuvent être fixés par la sélection au même titre que les caractères spécifiques. C'est là l'origine de la *variation et de la transformation des espèces*.

La reproduction comporte plusieurs genres. Elle est *asexuée* ou *monogène* quand un seul être se reproduit de lui-même, en séparant une parcelle de son corps, soit qu'il se coupe en deux (*scissiparité*), soit qu'il sorte de lui-même un bourgeon (*bourgeonnement*). Les Protozoaires (Rhizopodes, Infusoires, Sporozoaires, Polypes) fournissent de nombreux exemples de cette génération agame.

La *reproduction sexuelle* ou *digène* consiste dans la conjugaison de deux êtres (Grégarines, Vorticelles parmi les Protozoaires) ou de deux cellules spéciales (ovule et spermatozoïde) issues, soit d'une même glande ou de deux glandes distinctes portées par un même individu (*hermaphrodisme*), soit par des glandes distinctes portées par deux individus différents (*unisexualité*).

Dans ce dernier cas, qui est celui de la plupart des Métazoaires et de tous les animaux supérieurs, le germe-femelle, l'*ovule*, est formé dans une glande, l'*ovaire*, que porte la femelle ; le germe-mâle, le *spermatozoïde*, par le *testicule*, glande sexuelle du mâle.

Parmi les hermaphrodites, on peut citer le Ténia, la Douve, les Bryozoaires, l'Huître, les Tuniciers, l'Escargot, la Sangsue, le Ver de terre.

La reproduction sexuée consiste dans la conjugaison de ces deux éléments, l'un mâle, l'autre femelle. C'est là ce qu'on appelle la *fécondation* d'où résulte l'*œuf* ou *oospore* qui, par ses divisions successives, donnera naissance à un organisme semblable à celui des deux générateurs.

1

ORIGINE DE LA GLANDE GÉNITALE

La glande génitale chez les Vertébrés nait de l'épithélium du cœlome, sur la paroi postérieure de l'abdomen, de chaque côté de la colonne vertébrale.

Elle résulte d'une invagination dans le mésoderme (plaque intermédiaire) des cellules de l'épithélium du cœlome dans son lieu dit *épithélium germinatif*.

Au début elle se présente sous la forme d'une bandelette blanchâtre qui fait saillie à la partie interne du corps de Wolff et porte le nom d'*éminence génitale*.

Cette éminence est recouverte de l'épithélium germinatif qui se confond, à la périphérie, avec l'épithélium pleuro-péritonéal. Les cellules de cet épithélium sont disposées sur deux ou trois couches et présentent, interposées entre elles, de grandes cellules rondes et réfringentes que l'on a appelées *ovules primordiaux*.

A ce stade, la glande génitale est neutre. Elle donnera aussi bien, selon le cas, naissance à un testicule qu'à un ovaire, et dans les deux sexes, elle empruntera au corps de Wolff ses canaux excréteurs.

De la *glande génitale primitive* dérive donc aussi bien la glande génitale du mâle que la glande génitale de la femelle.

Le schème ci-dessous montre cette dérivation avec les produits successifs des glandes génitales du mâle et de la femelle.

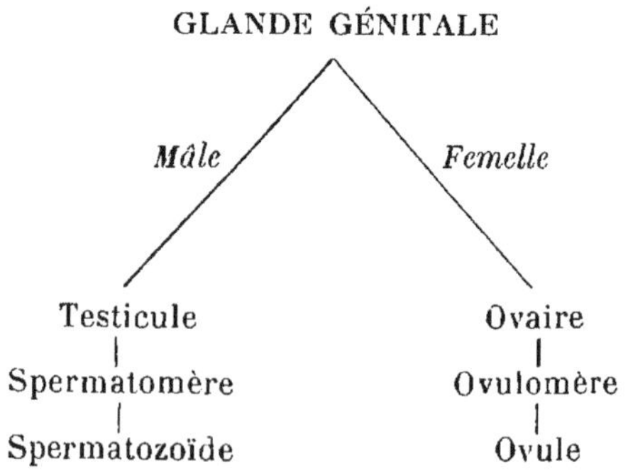

GLANDE GÉNITALE

Mâle / \ *Femelle*

Testicule	Ovaire
Spermatomère	Ovulomère
Spermatozoïde	Ovule

Bien que je n'aie pas ici l'intention de décrire le testicule ni l'ovaire, je vais cependant en rappeler brièvement la constitution pour aboutir à la recherche du développement des produits sexuels.

Cette façon de procéder me paraît rationnelle. Nous partons en effet du testicule pour aboutir au spermatozoïde et de l'ovaire pour arriver à l'ovule. Avant toute fécondation, il y a la glande du mâle et de la femelle adultes, qui produisent chacune un élément, le spermatozoïde et l'ovule.

Prenons donc connaissance de l'organe producteur avant de passer à l'étude morphologique et à l'activité physiologique de l'élément produit.

II

TESTICULE

SPERMATOGÉNÈSE. — SPERMATOZOIDE

Le testicule est la glande génitale du mâle. Il est logé dans les bourses, appendu à la partie inférieure de l'abdomen et de chaque côté du pubis, par le cordon testiculaire. Chez certains animaux, il ne descend qu'à l'époque du rut et remonte ultérieurement dans l'abdomen.

Il a la forme d'un ovoïde aplati latéralement, plus ou moins volumineux selon les espèces animales et selon les individus, coiffé à sa partie postérieure, comme par un cimier de casque, par l'épididyme.

Le testicule est composé d'une membrane d'enveloppe, *tunique albuginée*, qui lui forme une coque fibreuse. Cette coque s'épaissit sous la forme d'une pyramide à sa partie postéro-supérieure, là où le testicule est relié directement à la tête de l'épididyme par les cônes efférents, et de cet épaississement de l'albuginée, appelé *corps d'Highmore*, partent des cloisons qui rayonnent vers toute la périphérie du testicule en le divisant en un grand nombre de loges pyramidales, 250 à 300. C'est dans ces loges qu'est contenue la substance propre ou parenchyme du testicule.

Cette substance apparaît à l'œil sous la forme d'une matière molle, jaunâtre, filamenteuse. Elle est, en effet, essentiellement constituée par des filaments pelotonnés. Ces filaments sont formés par les tubes du testicule, tubes séminifères ou tubes spermatogènes. Il y en a, en moyenne, 4 à 6 par loges (lobules du testicule).

La longueur des tubes testiculaires est, en moyenne, de 80 centimètres et leur diamètre oscille entre 100 et 200 µ. Ils commencent à la périphérie par une extrémité borgne, se dirigent vers le corps d'Highmore en décrivant de nombreuses sinuosités et présentent çà et là des anastomoses avec les tubes voisins. Au sommet de chaque lobule, les canalicules qui le constituent convergent les uns vers les autres, se réunissent en un seul tronc, se redressent, deviennent rectilignes, *canaux droits*, et s'enfoncent dans l'épaisseur du corps d'Highmore, où ils s'anastomosent en réseau, *rete vasculosum testis*.

De ce réseau émergent 10 à 15 petits canaux, les *vaisseaux efférents*, qui sortent du testicule pour aller se jeter dans le canal de l'épididyme au niveau de sa tête, à la façon des dents d'un peigne. Droits lorsqu'ils sortent du testicule, les canaux efférents ne tardent pas à se pelotonner sur eux-mêmes pour former de petit cônes, *cônes efférents*, dont la base adhère à l'épididyme, le sommet au testi-

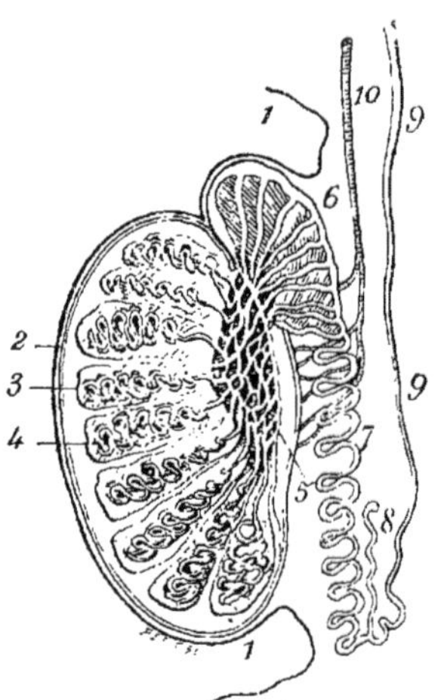

Fig. 1. — Schème de la structure du testicule. 1, tunique vaginale ; 2, albuginée ; 3, lobules du testicule : 4, tubes séminifères ; 5, *rete testis* ; 6, cônes efférents (tête de l'épididyme) ; 7, canal de l'épididyme en partie déroulé ; 8, *vas aberrans* ; 9, canal déférent 10, artère spermatique.

cule. Constitués par un canal enroulé sur lui-même, chacun de ces cônes a une longueur de 10 à 15 millimètres, mais le tube qui les constitue, une fois déroulé, ne mesure pas moins de 20 à 40 centimètres.

Ces cônes représentent les canalicules persistants de la portion sexuelle du corps de Wolff, qui, chez la femelle, forment les tubes de l'organe de Rosenmüller.

Les tubes séminifères sont plongés dans une gangue de tissu

conjonctif lâche qui les relie entre eux et au milieu duquel on rencontre des cellules polyédriques et granuleuses, qu'on a considérées comme des cellules du tissu conjonctif et rapprochées des cellules de l'ovisac et de l'ovariule et qu'on a désignées sous le nom de *cellules interstitielles du testicule*.

L'élément essentiel, important, capital, du testicule, c'est le tube testiculaire.

Ce tube est composé d'une paroi propre, d'apparence hyaline, en réalité formée de couches minces de tissu conjonctif, et d'un épithélium de revêtement qui tapisse en dedans cette membrane propre. Cet épithélium, qui ne prend tout son développement physiologique qu'à la puberté, c'est l'épithélium spermatogénique.

Sur la coupe transversale d'un tube séminifère d'un mammifère en activité génésique, on trouve sur la paroi du tube : 1° des *cellules pariétales* (cellules souches, spermatogonies) qui, sous forme d'un épithélium discontinu, reposent par une de leurs faces sur la membrane propre du tube et sont à divers stades d'évolution ; 2° de grosses cellules, dites *cellules de Henle* (cellules-mères, spermatomères, spermatocytes) qui ne sont que certaines des cellules pariétales devenues plus volumineuses et ayant quitté la paroi à laquelle

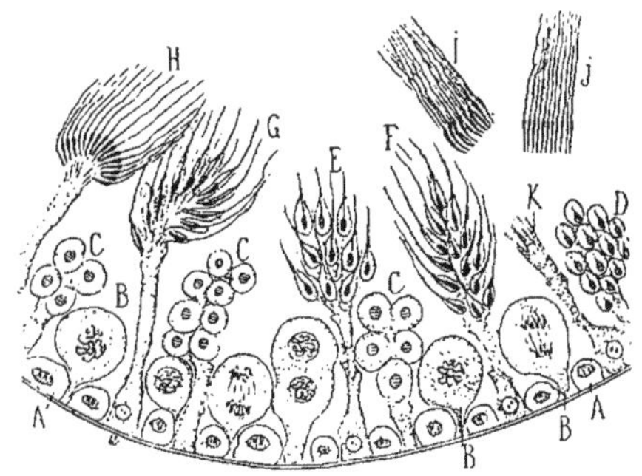

Fig. 2. — Spermatogénèse chez les Mammifères (Mathias Duval). A, A, cellules pariétales ; B, B, B, cellules de Henle ; C, C, cellules de Kœlliker (à l'état de spermatoblastes en D) ; F, G, H, cellules de Sertoli portant des spermatoblastes de plus en plus avancés jusqu'à leur transformation en spermatozoïdes; I, J, faisceaux de spermatozoïdes devenus libres ; K, reste d'une cellule de Sertoli lorsque le buisson de spermatozoïdes s'en est détaché.

elles restent toutefois attachées par un pédicule ; ces cellules de Henle présentent des figures caryocinétiques et sont en voie de division ; — 3° de petites cellules disposées généralement par groupes de deux ou quatre et appelées *cellules de Kœlliker* (cellules-filles, spermatides, spermatoblastes), provenant de la division des cellules de Henle et qui, en se multipliant, sont destinées à se transformer, chacune *in toto* en un spermatozoïde ; d'où les dernières générations des cellules de Kœlliker sont donc bien des spermatoblastes ; — 4° des cellules ramifiées et à pied, *cellules en chandelier, cellules de Sertoli*, dont le pied repose sur la paroi du tube, interposé aux éléments précédents et dont le sommet s'épanouit en un certain nombre de lobes dans chacun desquels on voit la tête d'un spermatozoïde, avec la queue émergeant dans la lumière du tube ; — 5° enfin dans l'intérieur du tube, on trouve des spermatozoïdes, à peu près achevés, mais disposés en gerbes, parce qu'ils viennent de se détacher en bloc de la tête des cellules de Sertoli qui, à la suite, se présentent comme si elles avaient été brisées.

Il nous reste à interpréter ces faits. Si le spermatoblaste (cellule de Kölliker dérivant elle-même de la cellule de Henle qui provient des cellules pariétales) est bien la cellule-mère du spermatozoïde, comment se fait-il qu'on trouve des faisceaux ou gerbes de spermatozoïdes dans la tête des cellules de Sertoli ? C'est pour cette raison que certains auteurs ont considéré que les vrais éléments d'origine des spermatozoïdes sont, non les dérivés des cellules pariétales, mais les cellules de Sertoli elles-mêmes, qu'ils ont dès lors appelées spermatoblastes, établissant ainsi une synonymie qui prête à une regrettable confusion. Mais cette interprétation est inexacte.

L'élément qui produit le spermatozoïde est la cellule de Kölliker et, ou bien il faut considérer que la cellule en chandelier n'est qu'un élément qui sert d'abri, de support et d'organe de nutrition aux spermatozoïdes qui viennent se greffer sur lui, ou bien il faut accepter que la cellule de Sertoli est le dernier terme de développement de la cellule pariétale. C'est cette dernière manière de voir qu'il faut accepter. Pendant leur développement, les cellules de Henle et de Kölliker n'abandonnent jamais la paroi du tube séminipare ; elles y restent toujours rattachées par un tractus de protoplasma. Or, à un moment donné de la spermatogénèse, ce tractus se gonfle, écarte les éléments interposés dont il prend les empreintes et apparaît dès lors sous l'aspect de cellules de Sertoli. Il n'y a donc pas dans les tubes du testicule deux catégories d'éléments distincts, l'une représentée par les cellules pariétales, les cellules de Henle, les cellules de Kölliker et les spermatoblastes, l'autre représentée par la cellule de Sertoli. Il n'y a qu'une classe de cellules qui forment une seule chaîne continue d'évolution, et la cellule de Sertoli est le dernier terme de cette évolution. C'est ce que l'on peut vérifier en étudiant la spermatogénèse chez les animaux inférieurs, chez les Plagiostomes, les Batraciens ou les

Mollusques, où la spermatogénèse est plus simple et l'évolution cellulaire plus facile à suivre.

Ajoutons que l'on a noté lors des divisions des cellules de Kölliker que les noyaux passent sans phase de repos d'une cinèse à la suivante. Or, la chromatine du noyau divisé ne reconquiert son volume primitif, on le sait, que pendant la phase de repos de la caryocynèse. Il en résulte que pendant la division des cellules de Kölliker, cette reconstitution de la chromatine du noyau n'a pas lieu et que la cellule-fille ne contient que la moitié, puis le quart de la chromatine de la cellule-mère primitive. Il y a donc, dans la spermatogénèse, réduction de chromatine et la tête du spermatozoïde par suite, — puisqu'il provient du noyau du spermatoblaste, — n'est plus l'équivalent du noyau de l'ovule. C'est pour rétablir cet équilibre que nous verrons, lors de la maturation de l'œuf, se produire une série de phénomènes (émission des globules polaires) qui ont pour but de réduire pareillement la chromatine du noyau femelle. Ainsi le noyau mâle redevient l'équivalent du noyau femelle et l'accouplement des cellules mâle et femelle peut se faire par parité.

III

OVAIRE

OVULE — OVOGÉNÈSE

L'ovaire est un organe glanduliforme de la grosseur d'une amande, logé dans l'épaisseur de l'aileron postérieur (*mesoarium*) des ligaments larges de l'utérus.

Il est rattaché à l'utérus par le *ligament utéro-ovarique*, au pavillon de la trompe de Fallope par le *ligament tubo-ovarique*.

Sa surface est blanchâtre, lisse et unie chez la jeune fille, couverte de cicatrices à partir de la puberté. Ces cicatrices résultent de la déhiscence des follicules de Graff.

L'ovaire est composé de deux substances, une périphérique, blanche, homogène, peu épaisse, la *substance corticale*, l'autre centrale, molle, spongieuse et rougeâtre, la *substance médullaire*.

La substance corticale est la partie ovigène de l'ovaire. C'est dans son épaisseur que sont accumulées les cavités dites *ovisacs* ou *follicules de Graaf*, dont chacun contient un ovule. Elle est constituée

par une trame fibreuse et c'est dans les mailles de cette trame que
se logent les follicules de Graaf.

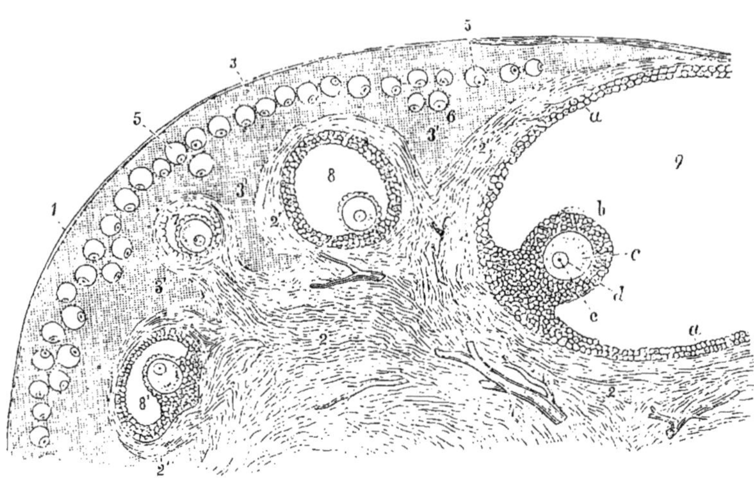

Fig. 3. — Coupe de l'ovaire pour montrer les vésicules de Graaf et les ovules à
différents stades de développement. 1, albuginée de l'ovaire ; 2, 2, portion médullaire ; 3, 3', portion ovigène ; 4, vaisseau sanguin ; 5, 6, follicules graffiens
à l'état jeune ; 7, 8, 8', follicules plus avancés ; 9, un ovisac arrivé à maturité :
a, membrane granuleuse ; *b*, cumulus proligère ; *c*, ovule avec, *d*, son noyau
(vésicule germinative) et, *e*, son nucléole (tâche germinative).

A l'état de maturité, les vésicules de Graaff ont à peu près le
volume d'un pois. Elles se présentent sous forme d'une vésicule
transparente composée : 1° d'une enveloppe fibreuse mince et
adhérente au stroma de l'ovaire, la *tunique externe* du follicule ;
2° d'une enveloppe interne composée de plusieurs assises de
cellules épithéliales polyédriques et rangées en membrane, la
membrane granuleuse; 3° d'une saillie discoïdale située à la face
profonde du follicule et résultant d'une accumulation des cellules
de la membrane granuleuse, le *disque proligère*, qui contient une
cellule spéciale, l'*ovule* ; 4° d'un liquide transparent et visqueux,
remplissant la cavité de l'ovisac, *liquor folliculi*.

La substance centrale forme la masse principale de l'ovaire.
Elle est constituée par du tissu conjonctif, des fibres musculaires
lisses et par d'abondants vaisseaux sanguins qui donnent, surtout
à la partie qui avoisine le hile de l'ovaire, un aspect bulbeux.

Autour de l'ovaire, la partie fibreuse de la couche corticale se condense en une sorte de tunique fibreuse (*albuginée de l'ovaire*). Enfin, l'organe est recouvert d'un épithélium prismatique, *épithélium ovarique*, qui n'est que le reste de l'épithélium germinatif et qui, à la périphérie, se continue sans interruption avec l'épithélium péritonéal.

ÉPITHÉLIUM OVARIQUE. — OVOGÉNÈSE. — OVULE

Nous savons que la glande génitale femelle est, au début, composée par du tissu conjonctif embryonnaire qui fournira le stroma de l'ovaire, et par un épithélium de revêtement que nous avons appelé l'épithélium germinatif.

Ce dernier est constitué par des cellules prismatiques au milieu desquelles se font remarquer de grosses cellules rondes et réfringentes, les *ovules primordiaux*. Cet épithélium prolifère dans la profondeur, dans le stroma de l'ovaire, sous la forme de bourgeons qui végètent à la façon des bourgeons formatifs des glandes. Dans ces bourgeons, *tubes de Valentin-Pflüger*, les cellules cylindriques enveloppent les ovules primordiaux, et à un certain

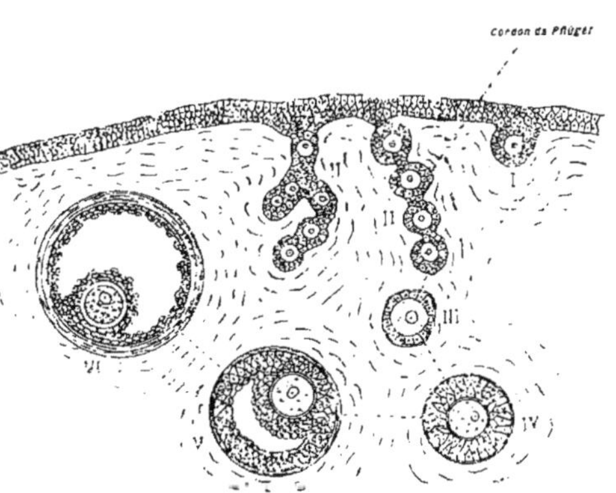

Fig. 4. — Développement des ovules aux dépens de l'épithélium germinatif. I, ovule primordial ; II, cordon d'ovules primordiaux ; III, IV, V, VI, ovules à différentes phases de développement (Roule).

moment, les bourgeons étant segmentés par la végétation du tissu conjonctif ambiant, il en résulte la formation de nombreux îlots épithéliaux, dont les cellules périphériques constituent l'ébauche de la membrane granuleuse et la cellule centrale ou ovule primordial, l'ovule définitif.

Au début la couche ovigène constitue à elle seule presque tout l'ovaire ; ce n'est qu'après la naissance, mais surtout au moment de la puberté, que la substance médullaire prend tout son développement.

Certains auteurs ont pensé que les cordons ovariques dérivaient de la portion sexuelle du corps de Wolff. Mais si des canalicules du corps de Wolff s'enfoncent dans l'ovaire, ils n'y forment jamais que le *rete ovarii,* formation rudimentaire, homologue aux cônes efférents du testicule, et reliés, d'autre part, au parovaire ou organe de Rosenmüller.

Représentée, au début, comme toutes les cellules, par une masse de protoplasma renfermant un noyau et un nucléole, l'ovule voit apparaître, à mesure qu'il s'accroît, des granulations de plus en plus abondantes qui infiltrent son corps cellulaire et l'amènent à l'état de vitellus. En même temps, le noyau se transforme en vésicule germinative.

Certains auteurs pensent qu'il se forme des ovisacs pendant toute la vie génitale des animaux (Kölliker, Mac Leod, Gerlach, Balbiani, Pflüger, Van Beneden, Paladino, etc.). Quoi qu'il en soit, de la puberté à l'âge de la ménopause, dans l'espèce humaine, un de ces ovisacs, arrivé à maturité, se rompt tous les mois au moment du *flux menstruel.*

Cette rupture met l'ovule en liberté. Recueillie par la trompe de Fallope ou oviducte, cette cellule femelle chemine vers la cavité utérine, exposée à être rencontrée en route par la cellule-mâle et à être fécondée.

A la suite de la rupture, il se forme une cicatrice étoilée à la surface de l'ovaire. Cette cicatrice est précédée d'une formation spéciale qu'on a appelée *corps jaune.* Il y a les *corps jaunes de la menstruation,* faux corps jaunes, qui parcourent le cycle de leur développement et de leur régression en peu temps, et les *corps jaunes de la grossesse,* vrais corps jaunes, dont l'évolution est beaucoup plus lente.

L'épithélium germinatif est donc la matrice des glandes génitales, c'est-à-dire que dans la région de la glande génitale, le péritoine des mammifères a conservé des qualités d'organisation homologues à celle de la région génitale de la cavité intestinale des Métazoaires primitifs (Cœlentérés). La cavité cœlomique n'est, primordialement, du reste, qu'un diverticule de l'archentère, — et chez les vrais Entérocœliens, les cellules sexuelles, ovule et spermatozoïde, ne sont que des portions différenciées des épithéliums cœlomiques.

IV

L'OVULE ET LE SPERMATOZOÏDE

La formation d'un être nouveau ne peut avoir lieu, chez la plu-part des animaux, et chez tous les vertébrés sans exception, sans le concours de produits sexuels appartenant à deux individus de sexes différents. La femelle produit l'ovule, le mâle le spermato-zoïde. Il faut, pour que la fécondation ait lieu, qu'au moment opportun, le spermatozoïde rencontre l'ovule et se fusionne avec lui. C'est là l'objet de la ponte périodique chez la femme, ponte qui coïncide avec la période menstruelle.

L'ovule et le spermatozoïde sont des organismes élémentaires, c'est-à-dire des cellules. Ces cellules se détachent, chez la femelle, de l'ovaire, chez le mâle du testicule. Lorsqu'elles se rencontrent dans de bonnes conditions, il y a fécondation, et la cellule qui résulte de la fusion de l'élément mâle et de l'élément femelle, c'est la cellule-œuf, qui est le point départ d'un nouvel organisme sem-blable à celui des deux procréateurs.

L'OVULE

Le corps des animaux provient d'une cellule, l'*ovule*. Cette cel-lule découverte par von Baer, en 1827, chez les Mammifères, naît dans l'ovaire, où on la trouve dans les follicules de Graaf. Au début, c'est une cellule nue ; à l'état adulte elle se présente sous la forme d'une cellule sphérique, d'un diamètre moyen, chez la femme, de 200 μ, et composé : 1° d'une membrane d'enveloppe, transparente et striée, *membrane vitelline* (zone pellucide, oolemme, premier chorion); 2° d'un contenu protoplasmique granuleux, *vitellus* ou *cytoplasma* ; 3° d'un noyau vésiculeux et transparent, de 30 à 40 μ de diamètre, et possédant, du reste, tous les caractères des noyaux, *vésicule ger-minative* ou *vésicule de Purkinje* ; 4° d'un nucléole rond et brillant, *tache germinative* ou *tache de Wagner*.

La *membrane vitelline* a été considérée par les uns comme une membrane cuticulaire d'origine ovulaire, par d'autres, comme une membrane adventice produite par la membrane granuleuse. Elle présente des stries rayonnées et parallèles qu'on a regardées comme des canalicules. Cette disposition, bien visible dans l'œuf des Insectes et des Poissons osseux, est contestée chez les Mammifères. Chez les Poissons, et chez certains Batraciens, la membrane vitelline est percée d'un micropyle.

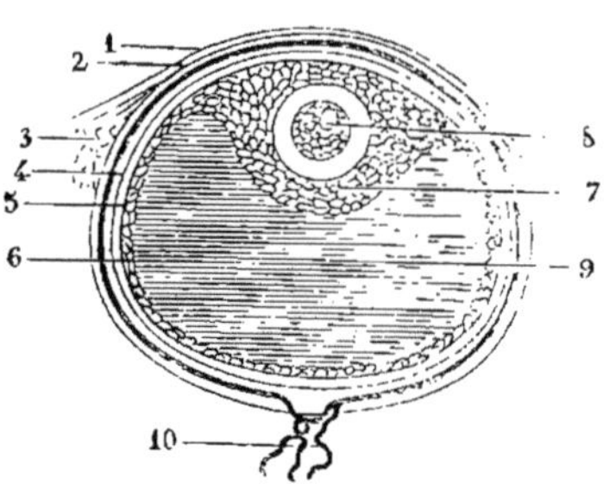

Fig. 5. — L'ovule dans la vésicule de Graaf. 1, tunique péritonéale de l'ovaire; 2, sa tunique fibreuse; 3, parenchyme ovigène de l'ovaire; 4, tunique fibroïde externe, et 5, tunique fibroïde interne de l'ovisac; 6, membrane granuleuse; 7, cumulus proliger; 8, ovule; 9, cavité de l'ovisac remplie de liquide; 10, vaisseaux de l'ovisac.

Le *vitellus* est rarement homogène et transparent. Il est généralement opaque et granuleux.

Il comprend une partie essentiellement active, le *protoplasme*, disposé sous forme d'un réseau délicat, condensé à la surface du vitellus. Dans les mailles de ce réseau est renfermé le *deutoplasme*, disposé sous forme de globules (globules vitellins) et composé de substances nutritives ou de réserve.

Dans le cytoplasme, au moment de la karyocinèse, on voit, près du noyau, deux petites taches claires, les *sphères attractives* ou *sphères directrices*, qui contiennent à leur centre un granule, le *centrosome*.

Ce sont ces centrosomes qui dirigent la division nucléaire. Guignard les a retrouvés dans les corps reproducteurs des végétaux.

Enfin, on a signalé l'existence, assez générale dans ce cytoplasme, d'un corps nucléiforme, qu'on a appelé *corps vitellin de Balbiani*, ou vésicule embryogène, sur la nature duquel on n'est pas encore définitivement fixé.

Les uns (Balbiani, Henneguy) l'ont considéré comme un corps éliminé par la vésicule germinative. Ce *dotterkern* des Allemands serait un noyau vitellin accessoire de même que le *nebenkern* est un noyau accessoire du spermatozoïde, et on pourrait le regarder comme un centrosome femelle frappé de déchéance physiologique (Boveri) et n'ayant plus qu'une signification atavique (Henneguy).

D'autres, au contraire, ont regardé le corps de Balbiani comme provenant d'un bourgeonnement des cellules de la *granulosa* qui, déprimant la membrane vitelline, pénètre dans le vitellus. Il représenterait un élément mâle primordial, capable de produire dans l'œuf une préfécondation. L'ovule, en effet, peut entrer en segmentation sans avoir été influencé par le spermatozoïde ; mais le processus s'arrête bientôt chez les Vertébrés, tandis que chez les êtres se reproduisant par parthénogénèse (Arthropodes) la vésicule embryogène produirait une véritable *fécondation*.

La composition chimique du cytoplasme est la suivante :

Il contient :

Des nucléo-albumines (corps phosphorés) ;

Des globulines (corps non phosphorés) ;

De la lécithine (graisse phosphorée) ;

De la cholestérine (alcool monoatomique solide) ;

Des chlorures, phosphates de potassium, sodium, magnésium, calcium, du fer.

La *vésicule germinative* est le noyau de la cellule femelle. Elle a 20 à 30 μ chez la femme, plus volumineuse chez les Amphibiens, les Reptiles et les Oiseaux où elle est visible à l'œil nu. Elle comprend comme tous les noyaux de cellules: 1° une membrane nucléaire qui n'est qu'une sorte de cuticule de condensation ; 2° un réseau de linine (substance achromatique, filaments achromatiques) rattaché à la membrane nucléaire ; 3° des filaments de chromatine ou microsomes, disposés dans le réseau ; 4° un suc nucléaire (enchylème) contenu dans les mailles du réseau ; 5° un ou plusieurs nucléoles (ovules uninucléolés, ovules polynucléolés) baignant dans le suc nucléaire.

La composition chimique du noyau (nucléoplasma) est faite presque tout entière d'une substance qui se laisse teinter par les colorants, la *chromatine*. Celle-ci est presque entièrement composée de lécithine et de cholestérine unies à la nucléine (corps très riche en phosphore).

Chez beaucoup d'Invertébrés (cœlentérés, méduses, céphalopodes, etc.) l'ovule est animé de mouvements amiboïdes. Il en est de même de la vésicule germinative chez les poissons (Auerbach), les batraciens (Hertwig), les mammifères (Rein, Nägel, etc.)

Les œufs pauvres en granules vitellins sont appelés *alécithes* (mammifères, amphioxus, tuniciers) ; ceux qui en contiennent beaucoup, uniformément répartis dans l'œuf tout entier, sont nommés *panlécithes* (amphioxus, arthropodes); ceux qui présentent leurs granulations vitellines concentrées dans un point particulier de l'ovule, sont connus sous le nom de *télolécithes* (oiseaux, reptiles).

LE SPERMATOZOÏDE

Le *spermatozoïde*, cellule sexuelle mâle, découvert par L. Hamm, étudiant en médecine de Dantzig, en 1677, dans le sperme de l'homme, jadis considéré comme un animalcule, est un élément mobile qui constitue la partie essentielle, la partie fécondante de la semence du mâle et qui dérive de l'épithélium des tubes du testicule.

Les spermatozoïdes ont reçu leur nom de Duvernoy. Ce sont des *cellules uniciliées*, qui se présentent, au microscope, sous la forme d'un filament, renflé à une de ses extrémités, appelée *tête*, tandis que son autre extrémité se prolonge en une sorte de long cil vibratile, appelé *queue*. En réalité, on peut décomposer le spermatozoïde en une *tête*, en forme d'amande chez l'homme, longue de 5 µ et représentant un noyau de cellule, noyau de la spermatide ou cellule-mère du spermatozoïde, composé, comme tous les noyaux, de nucléine ; en une *portion intermédiaire* ou *col*, formé d'un filament central réductible en fibrilles et recouvert d'un filament enroulé en spirale ; enfin, en un *segment terminal* ou *queue*, composé d'un fil réductible en fibriles. La longueur total de l'élément est d'environ 50 µ.

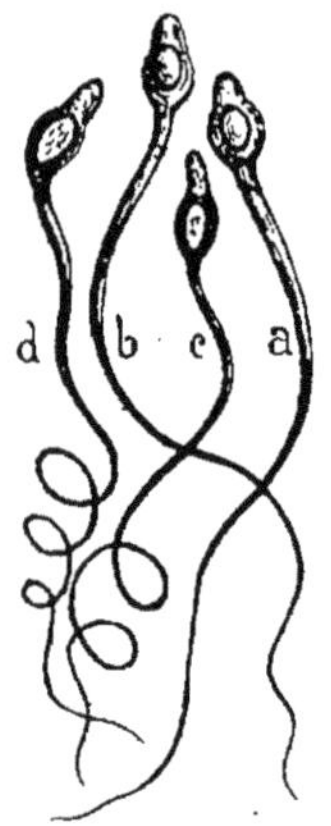

Fig. 6.
Spermatozoïdes
de l'homme
grossis 1000 fois.

Examinés dans le sperme frais, les spermatozoïdes sont doués de mouvements rapides d'ondulation, analogues à ceux de l'anguille qui nage dans l'eau. Ce sont ces mouvements de la queue qui permettent à ces cellules uniciliées sexuelles de progresser. Elles peuvent ainsi parcourir environ 3 millimètres en une minute. Abandonnées dans un milieu alcalin, dans les voies génitales de la femelle, elles peuvent conserver leurs mouvements pendant 8 jours et plus.

Nous sommes à même maintenant, de juger des ressemblances et des différences des deux éléments sexuels.

Il y a, dans ces éléments, similitude dans la constitution du noyau. Au contraire, la différence est aussi grande que possible dans leur cytoplasme, le spermatozoïde étant dépourvu de cytoplasme nutritif et d'éléments nutritifs lécithiques, et bien muni, par contre, de cytoplasme actif, et l'œuf étant riche en cytoplasme nutritif et en lécithe et pauvre en cytoplasme actif. C'est pour cette raison sans doute que le premier ne peut se nourrir et que le second ne peut se segmenter. On voit par avance que le but de la fécondation sera de constituer par leur réunion une cellule complète, apte à se segmenter et à vivre de ses propres ressources.

V

OVULATION
MIGRATION DES CELLULES MALE ET FEMELLE

MATURATION DE L'OVULE

Jusqu'à la puberté, les ovisacs qui contiennent les ovules restent petits et comme inertes. Mais à partir de la puberté ils gonflent et se rapprochent de la surface de l'ovaire. Là, arrivés à maturité ils se crèvent et permettent à l'ovule de s'échapper en même temps que s'écoule le liquide graffien. Ce travail de déhiscence des ovisacs s'appelle l'*ovulation* ou *ponte périodique*, travail qui coïncide avec la menstruation et se répète tous les mois lunaires dans l'espèce humaine et avec l'époque du rut chez les autres Mammifères.

Les organes sexuels du mâle et de la femelle sont organisés de telle façon qu'ils peuvent s'adapter l'un à l'autre en vue de la perpétuation de l'espèce. Après le « manger » on sait que « l'amour » est le plus important des besoins dans la nature.

Pour qu'il y ait fécondation il faut que le spermatozoïde et l'ovule se rencontrent. L'ovule tombe de l'ovaire au moment des règles, est recueilli par l'oviducte, et chemine lentement vers l'utérus. Après le coït, le spermatozoïde gravit le col utérin, pénètre dans l'utérus, monte dans l'oviducte et rencontre l'ovule. Les deux cellules s'accostent, se cotoyent et « s'embrassent ». Dans leur « voyage d'amour » ils se pénètrent si intimement qu'ils s'unissent, se fusionnent et disparaissent au point de ne plus former qu'un seul et même corps. C'est le mariage dans son acception la plus profonde et la plus vraie.

Cette union, c'est la fécondation.

Avant d'étudier le processus intime de ce phénomène, nous devons étudier la maturation de l'ovule.

L'ovule ne peut être fécondé que s'il est mûr. En quoi consiste la maturité de l'ovule ?

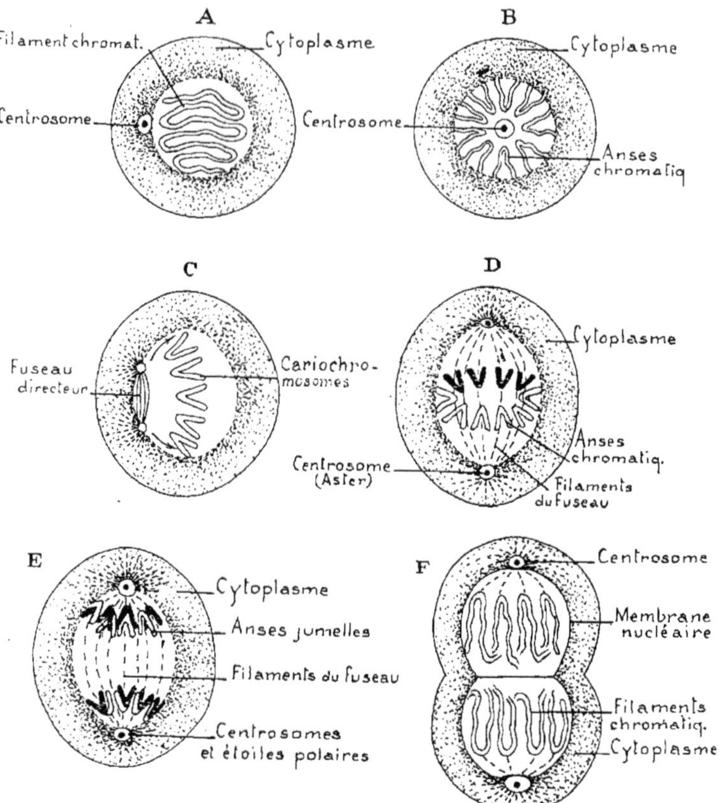

Fig. 7. — Six stades de la division caryocinétique de la cellule. A, B, groupement des anses chromatiques au pourtour du centrosome (A, vue de côté, B, vue de face) ; C, division du centrosome, formation du fuseau achromatique ou directeur, dédoublement des anses chromatiques ; D, fixation des anses chromatiques (les anses femelles sont en clair, les anses mâles en noir) sur les filaments du fuseau dans la région équatoriale (couronne équatoriale) ; E, dédoublement des anses jumelles (amphiaster) ; F, division du corps cellulaire et reconstitution des noyaux (la division cellulaire est achevée).

L'essence des phénomènes de maturation de l'ovule est la division nucléaire.

Rappelons brièvement les stades de cette division ou kariocynèse.

Dans une première période les grains nucléaires ou chromosomes se disposent en filaments flexueux dont l'ensemble constitue une sorte de boudin du noyau (spirème); puis, ces grains se séparent en un certain nombre de bâtonnets qui affectent la forme d'anses.

En même temps, on assiste à la disparition du réseau de linine, de la membrane nucléaire et du nucléole.

Dans une seconde période le centrosome se divise et le fuseau achromatique se forme et les anses se dédoublent (anses jumelles).

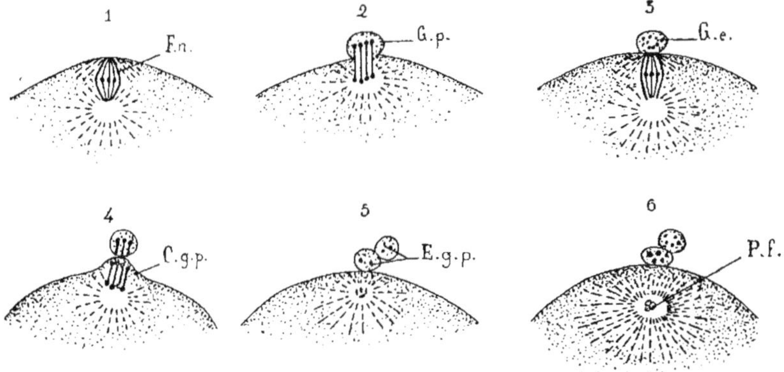

Fig. 8. — Formation des globules polaires chez *Asterias glacialis*. F.n., fuseau nucléaire à la surface de l'œuf ; G.p., premier globule polaire (moitié du fuseau nucléaire précédent) ; G.e., ce globule est complètement sorti de l'œuf. — Dans la fig. IV, un second mamelon (G.e.p.) s'est développé aux dépens de la moitié interne du fuseau nucléaire devenu un fuseau complet et constitue l'origine d'un second globule polaire. Dans la fig. V, les deux globules polaires sont sortis, et dans la fig. VI, le reste du deuxième fuseau nucléaire s'est transformé en pronucleus femelle ou noyau ovulaire (P.f.).

Enfin, dans un dernier stade, les anses jumelles se séparent et se portent vers les pôles et a lieu la formation des étoiles-filles (amphiaster).

Dans la divisision ovulaire ou division de la cellule-femelle, cette division cellulaire s'accompagne de phénomènes qui, dans leur ensemble, constituent ce que l'on a appelé la *maturation de l'ovule*.

Il y a d'abord rétraction du vitellus qui, en même temps, présente des mouvements giratoires ou sarcodiques.

La vésicule germinative, le noyau de l'ovule, émigre à la surface, disparaît en apparence et à ce moment il se forme à la surface du vitellus une sorte de mamelon qui bientôt se détachera de l'ovule.

Ce phénomène, c'est l'émission des *globules polaires* ou *cellules de direction*, parce que le premier plan de division du vitellus passera par leur point d'émission. Cette émission coïncide avec la division cellulaire. Pendant qu'elle a lieu, les chromosomes du noyau se

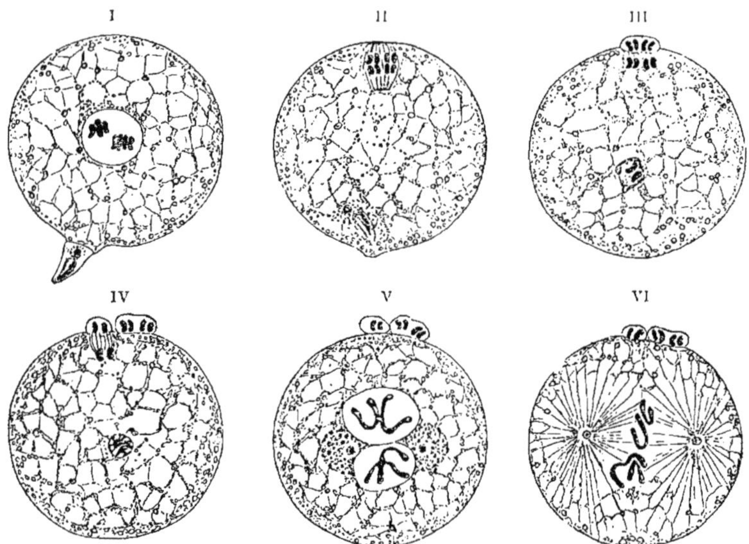

Fig. 9. — Schème de la fécondation de l'œuf et de la formation des globules polaires chez *Ascaris Megalocephala* (Van Beneden). I, œuf avec sa vésicule germinative et un spermatozoïde fixé à sa surface ; II, le spermatozoïde a pénétré l'œuf, la vésicule germinative est en voie de division (fuseau nucléaire) ; III, œuf immédiatement à la suite de la formation du premier globule polaire ; IV, œuf dans lequel le deuxième globule polaire vient de se former (le spermatozoïde a gagné le centre du vitellus) ; V, œuf avec ses deux globules polaires, son pronucléus mâle, dans lesquels la chromatine s'est disposée en deux segments nucléaires ; VI, œuf dans lequel le fuseau de segmentation présente quatre segments nucléaires, dont deux proviennent du pronucléus femelle et les deux autres du pronucléus mâle.

fendent longitudinalement ; les uns sont entraînés au moment de la formation du fuseau nucléaire (amphiaster) dans l'aster supérieur qui vient faire saillie à la surface du vitellus, les autres restent dans l'ovule avec l'aster inférieur. Cet aster supérieur se

détache de l'ovule ; c'est le *premier globule polaire*. Puis, le phénomène recommence et on assiste à l'émission d'un *deuxième globule
polaire*. Le noyau qui reste dans l'ovule, c'est le *noyau de segmentation*.

Le phénomène se suit facilement chez *Ascaris Megalocephala*,
ainsi que l'a montré Van Beneden.

Dans l'ovule de ce ver, la vésicule germinative présente 4 filaments. Ces 4 filaments se divisent longitudinalement en 8, dont 4
sont entraînés (1er globule polaire), et dont 4 restent dans la vésicule germinative.

A la suite, il y a séparation des 4 chromosomes qui restent en
deux groupes de deux :

Un est expulsé (2e globule polaire), l'autre reste dans l'ovule et
constitue le *pronucleus femelle*, dont le centrosome s'appelle
ovocentre.

Il y a donc dans l'émission du 2e globule polaire une division
avec réduction de moitié, et la chromatine du pronucleus femelle
se trouve amoindrie. La conséquence, c'est qu'il faut que le noyau
mâle, qui a la même valeur morphologique que le noyau femelle,
vienne constituer en s'unissant à la cellule-femelle, une cellule
complète, l'oosphère. De fait, au moment de la formation des spermatides, la spermatomère perd aussi la moitié de sa chromatine, comme nous venons de le voir pour l'ovulomère. C'est pour
cette raison que spermatozoïde et ovule ont même valeur morphologique et physiologique et que ni l'une ni l'autre des deux cellules
sexuelles ne prédominent l'une sur l'autre.

VI

FÉCONDATION

Nous avons vu que l'ovule détaché de l'ovaire est assimilable à
une cellule. Nous savons que cette cellule s'engage dans l'oviducte
où, dans de bonnes conditions, elle rencontre la cellule mâle ou
spermatozoïde. Est-elle dans les conditions voulues de maturité,
la cellule-femelle est pénétrée et fécondée par la cellule-mâle. Cette
pénétration du spermatozoïde dans l'ovule, c'est la *fécondation*.

Il y a donc attraction entre l'ovule mûr et le spermatozoïde.

Lorsque l'ovule quitte l'ovaire, la vésicule germinative perd ses contours et semble disparaître et ne laisser à sa place qu'une « nébuleuse ». Mais les réactifs appropriés ont permis de montrer que dans cette « nébuleuse », il y a une figure karyolytique, c'est-à-dire un noyau en voie de division. Après avoir éjaculé ses globules polaires, l'ovule se désorganise s'il n'est pénétré par la cellule-mâle. Au contraire, quand il est pénétré par cette cellule, il poursuit une merveilleuse évolution qui aboutit à la reproduction d'un être pareil à celui dont l'ovule est sorti.

Dans ce phénomène, le spermatozoïde traverse la membrane vitelline et parvient dans le liquide périvitellin. A la surface du vitellus se forme une saillie, ce que l'on appelé le *cône d'attraction*. Le spermatozoïde s'engage dans ce cône et s'y enfonce ; le cône se rétracte et le spermatozoïde apparaît dans le vitellus sous la forme d'un noyau autour duquel le vitellus s'oriente en rayons. Ce noyau stellaire, qui n'est autre autre que la tête du spermatozoïde, c'est ce qu'on a nommé le *pronucléus mâle*. Ce pronucléus est accompagné du spermocentre.

C'est alors que le pronucléus mâle et le pronucléus femelle, accompagnés le premier du spermocentre, le second de l'ovocentre, chacun faisant un pas, se rencontrent et se confondent pour donner naissance à un nouveau noyau, le *noyau de segmentation, noyau embryonnaire* ou *noyau vitellin*.

Pendant la conjugaison des deux noyaux mâle et femelle, les deux centrosomes, spermocentre et ovocentre, se couperaient en deux et, d'après Fol, dont les recherches ont été faites sur les Echinodermes, la moitié de l'ovocentre viendrait se réunir à la moitié correspondante du spermocentre selon un mouvement qu'il a comparé au quadrille et qu'il a appelé le *quadrille des centres* (chassé-croisé), ce qui, en fin de compte, donne naissance à deux controsomes mixtes (un demi-spermocentre s'unit à un demi-ovocentre) qui serviront de centres à la division de l'ovule.

Mais Erlanger (1897) n'a pas confirmé l'opinion de Fol. — D'après lui, l'ovocentre disparaît, le spermocentre seul persiste et fournit les deux centrosomes de l'oosphère.

D'autre part, selon Boveri, Henking, Vejdowky, Brauer, l'ovocentre ferait défaut (?) dans beaucoup d'espèces.

Dans cette pénétration du noyau mâle et du noyau femelle, il n'y a pas en réalité fusion, si on s'en rapporte à ce que Van Beneden a observé chez *ascaris megalocephala*. Là, la substance chromatique du pronucleus mâle se condense en deux chromosomes. Le pronu-

cleus femelle en fait autant. Et ce n'est que lorsqu'un fuseau de segmentation s'est développé dans chacun d'eux, que s'opère l'union
des deux *pronuclei*, par disparition de leur contour et par le groupement de leurs anses chromatiques sur les filaments du fuseau.
De telle sorte que la couronne équatoriale comprend des anses de
sexualité différente, deux mâles et deux femelles. Comme plus tard,

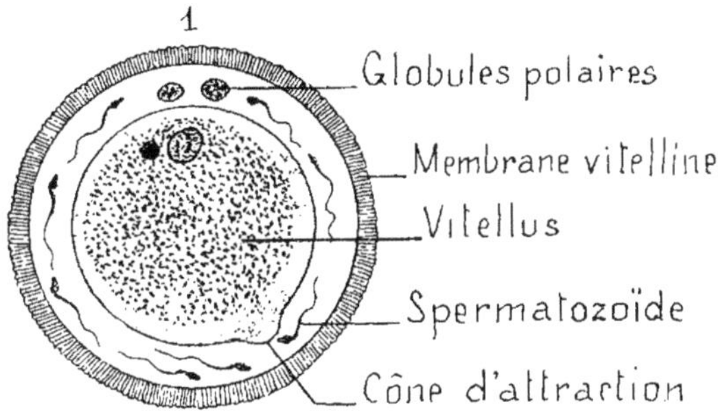

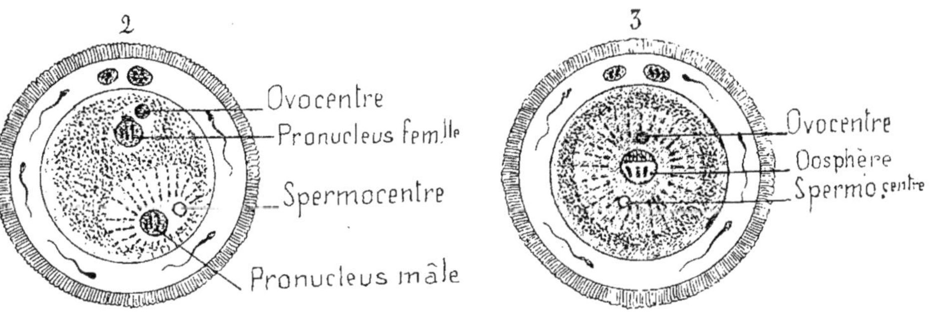

Fig. 10. — Trois stades de la fécondation. 1, formation du cône d'attraction après
l'émission des globules polaires ; 2, 3, conjugaison des pronucléus mâle et
femelle.

lors de la segmentation, chaque anse chromatique se dédoublera,
il en résulte que les noyaux de segmentation renfermeront également quatre chromosomes, dont deux proviendront du pronucleus
mâle et deux du pronucleus femelle. Donc le noyau embryonnaire,
le *germe*, au moment où il va se diviser, contient en réalité réunies
dans une même formation une série de parcelles matérielles venues,

les unes de l'organisme paternel, les autres de l'organisme maternel.
C'est là le substratum physique de l'hérédité.

Dans les conditions normales, un seul spermatozoïde pénètre
dans l'ovule, parce que aussitôt qu'il y a pénétré, se forme aux
dépens de la couche superficielle du vitellus une mince membrane
vitelline, qui oppose une barrière à l'entrée des autres spermatozoïdes; mais lorsque, accidentellement, deux ou plusieurs spermatozoïdes pénètrent, il y a *superfécondation* ou *polyspermie*. Le résultat
de cette polyspermie est que l'ovule se développe d'une façon
anormale et donne naissance à des monstres doubles.

A partir de la fécondation l'ovule est devenu un véritable *œuf*.

Nature des globules polaires. — Signification de la maturation.
Problème de l'hérédité

Les uns (Giard, Whitmann, Flemming, Bütschli), ont considéré les
globules polaires comme des cellules rudimentaires à signification atavique. Elles rappelleraient ontogéniquement dans l'évolution des Métazoaires le stade protozoaire ; la division de l'ovule en plusieurs cellules
virtuellement équivalente est comparable à la division d'un protozoaire,
ou d'un protophyte enkysté. D'après cette *théorie phylogénique*, les
globules polaires seraient des *ovules élémentaires*. Ce seraient des *œufs
abortifs* (Boveri, Hertwig).

Francotte a fourni un argument en faveur de cette théorie (1893), en
observant la fécondation artificielle, par un spermatozoïde, du premier
globule polaire dans des œufs d'une planaire marine.

D'autres (Semper Selenka, Fol, Hoeck) ont regardé ces globules
comme des produits d'excrétion de l'ovule, des *corpuscules de rebut*.

On les a considérés aussi comme des *corpuscules de direction* dans la
segmentation de l'ovule (Fritz Müller, E. Van Beneden); comme un
moyen pour la vésicule germinative de se débarrasser de sa trop grande
prépondérance vis-à-vis du noyau mâle (von Ihering, Strasburger);
comme le rejet de l'idioplasma ovigène ou histogénique (1er globule
polaire) et d'une partie du plasma germinatif ou sexuel (2me globule
polaire).

Cette dernière théorie est la théorie du plasma ancestral de Weismann.

Sedgwig Minot et Balfour ont émis une autre opinion, une véritable
théorie de l'hermaphrodisme de l'ovule.

Toutes les cellules de l'organisme, d'après eux, sont hermaphrodites
puisqu'elles dérivent, par bipartitions successives, de l'union du pronucléus mâle et du pronucléus femelle. L'ovule, avant d'avoir expulsé les
globules polaires. ne posséderait donc aucun caractère sexuel. Il ne
devient cellule femelle que par l'expulsion de ces globules. Ceux-ci sont

donc assimilables au pronucléus mâle ; comme lorsque le spermatocyte rejette son *nebenkern,* ce corpuscule doit être assimilé au pronucléus femelle. La fécondation a pour résultat de rendre à l'ovule l'hermaphrodisme qu'il avait perdu, et qu'il transmet ensuite par voie de divisions successives à toutes les cellules du blastoderme.

L'ovule jouirait ainsi d'une polarité mâle et femelle ; si l'une des polarités vient à disparaître, il acquiert une sexualité opposée à celle de l'élément qui est rejeté.

Cette ingénieuse théorie a reçu l'appui des observations que Van Beneden a faites sur *ascaris megalocephala,* chez lequel le pronucléus femelle, ainsi que le pronucléus mâle, ne renferment que deux anses chromatiques, tandis qu'on en trouve quatre dans les noyaux de toutes les cellules de l'adulte. Chacun de ces pronuclei aurait donc la valeur d'un demi-noyau. L'ovule en expulsant le second globule polaire, seule division de réduction, rejette la substance mâle de son noyau.

Mais à ce compte, les œufs qui se développent sans fécondation (génération virginale, parthénogénèse) ne devraient pas expulser de globules polaires. Or, ils en expulsent. Il est vrai qu'ils n'en expulsent qu'un *seul* (Weismann) et que celui-ci n'est pas une cellule de réduction.

Mais, si l'ovule rejette pendant sa maturation toute la chromatine mâle, comment expliquer qu'il puisse transmettre les caractères de ses ascendants mâles ?

Cette inconnue ne permet guère d'adopter la théorie de l'hermaphrodisme de l'ovule.

La caryocinèse a pour but de répartir également la chromatine de la cellule-mère dans les deux cellules-filles, et la fécondation a pour objet d'accumuler en une seule cellule une quantité égale de deux chromatines, provenant, l'une du noyau mâle, l'autre du noyau femelle.

Lorsqu'une cellule se divise, on conçoit de la sorte que les deux cellules qui en proviennent ressemblent à la cellule-mère. De même dans la régénération sexuée, on comprend que le rejeton ressemble à ceux qui l'ont créé par fécondation, puisque la fécondation consiste dans l'union de deux fractions de noyaux provenant de deux sujets de sexe différent, et dans la fusion de quatre demi-centrosomes provenant, les uns du père, les autres de la mère, en deux centrosomes accouplés. La transmission à la première *cellule* de l'embryon, d'où dériveront toutes les autres cellules par bipartitions successives, des karyochromosomes mélangés du père et de la mère nous donnent la clef de la *base physique de l'hérédité.*

Les karyochromoses sont l'expression objective des plasmas ancestraux de Weismann, de ce que les éleveurs appellent le *sang.*

Ils peuvent être considérés comme des biophores qui portent en eux à l'état potentiel les tendances héréditaires. Ces biophores entrent en lutte les uns avec les autres. Les plus forts triomphent. De telle sorte qu'un animal pourra avoir en puissance des caractères qui ne seront nullement exprimés en lui, et que cependant il pourra transmettre à ses descendants. La mytose réductrice permet de comprendre, par exemple, comment le fils ressemble à son grand-père et pas à son père. Les déterminants latents du sexe sont vraisemblablement inclus de même dans les microsomes. De la lutte des uns sur les autres résultera ultérieurement le sexe.

L'origine des sexes dérive de l'impuissance d'un noyau cellulaire à se suffire lui-même ; elle dérive de ce que ce noyau n'a pas trouvé en lui l'énergie nutritive suffisante pour se régénérer à perpétuité. Il a dû se « rajeunir » au contact d'un autre noyau, et reprendre ainsi une nouvelle source de vie.

L'hérédité rend compte à la fois de la *fixité* relative des espèces et de leur *variation*. Les microsomes du noyau sont transmis de générations en générations et, si aucune force du milieu intérieur ou du milieu extérieur, ne réagissaient sur eux, les êtres sortiraient toujours les uns des autres comme coulés dans un même moule et les espèces seraient invariables et immuables. Mais, à côté de ses caractères spécifiques, chaque individu lègue à ses descendants des particularités secondaires qu'il a acquises durant son existence. Ces caractères sont-ils submergés par l'hérédité atavique, il n'en reste rien ; sont-ils maintenus, au contraire, et fixés par la sélection, ils persistent plus ou moins. C'est là l'origine de la *variabilité* des espèces.

Dans son développement l'animal supérieur rappelle nombre des états organiques caractéristiques d'ancêtres qui se sont peu à peu élevés en organisation. C'est ce qui a fait dire à Fritz Müller que l'embryogénie des animaux est un résumé de leur généalogie que l'adaptation a modifié durant le cours des temps.

En résumé, la chromatine du père se perpétue dans ses enfants de générations en générations, et la cellule germinale est véritablement une cellule immortelle.

VII

SEGMENTATION DE L'ŒUF

PREMIERS BLASTOMÈRES

L'ovule une fois fécondé ne tarde pas à se fragmenter, à se *segmenter* par kariokynèse, en deux parties (premières sphères vitellines, cellules-filles, premiers noyaux de segmentation ou blastomères). Chaque blastomère se coupe à son tour en deux, et ainsi de suite, si bien qu'à un moment donné, on voit, à la place du vitellus, un corps muriforme composé de cellules serrées les unes contre les autres. A ce stade, l'œuf s'appelle la *morula*.

La segmentation offre des variantes selon la catégorie d'œufs. Plus le vitellus de nutrition dans un œuf est abondant, moins vite marche la segmentation. C'est pour cette raison qu'aux trois groupes d'œufs alécithes (sans deutoplasma), mixolécithes (à deutoplasma mélangé), idiolécithes (à deutoplasma distinct), correspondent trois modes de segmentation.

Les œufs aléci-thes se divisent en entier. Leur segmentation est totale et égale (œufs holoblastiques). C'est le cas des œufs d'Echinodermes et d'Amphioxus.

Les œufs mixolécithes se divisent aussi en entier, mais leur segmentation est inégale. Plus il y a de deutoplasma, et plus l'écart de volume est grand entre les petites sphères

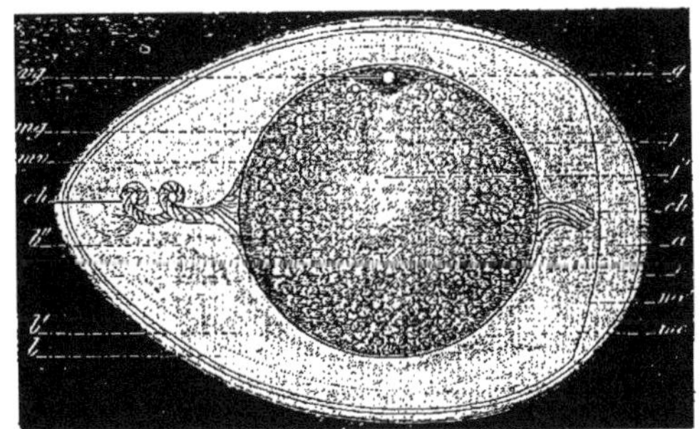

Fig. 11. — Œuf d'Oiseau. *vg*, vésicule germinative ; *g*, citatricule ou blastoderme ; *mg*, couche granuleuse doublant la membrane vitelline ; *j*, jaune (vitellus), et *j'*, latébra ; *mv*. membrane vitelline ; *ch*, chalazes ; *b, b', b''*, zone du blanc ou albumen ; *mc* et *mc'*, membrane coquillière ; *a*, chambre à air ; *c*, coquille.

(micromères) et les grandes sphères (macromères). La segmentation inégale ou irrégulière s'observe chez les Vers, les Cyclostomes, les Batraciens, les Mammifères.

Les œufs idiolécithes ne se segmentent que dans leur vitellus formatif. Leur segmentation est donc partielle (œufs méroblastiques), avec deux variétés, discoïdale pour les télolécithes (Céphalopodes, Poissons osseux, Reptiles, Oiseaux, Monotrèmes), périphérique pour les œufs centrolécithes (Crustacés, Arachnides, Myriapodes, Insectes).

Le *blastolécithe* ou vitellus évolutif, sert à former les cellules de l'embryon ; le *deutolécithe* ou vitellus nutritif est absorbé par le précédent et lui sert d'aliments.

MORULA. — BLASTULA

La segmentation de l'œuf doune à celui-ci l'aspect d'une sphère de blastomères agglomérées, l'aspect d'une mûre ; c'est la *Morûla*.

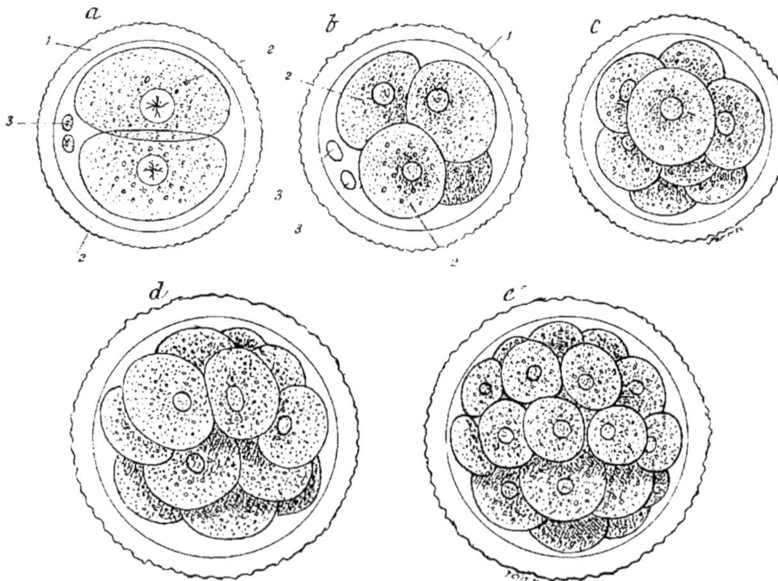

Fig. 12. — Cinq stades de la segmentation de l'œuf des Mammifères. 1, zone pellucide ; 2, blastomères (2, ectomère, 2', entomère); 3, globules polaires ; *a*, division en deux blastomères ; *b*, stade des quatre premiers blastomères ; *c*, stade 8 de la division (les ectomères enveloppent les entomères, gastrulation par épibolie) ; *d* et *e*, division plus avancée et inclusion presque achevée des entomères par les ectomères.

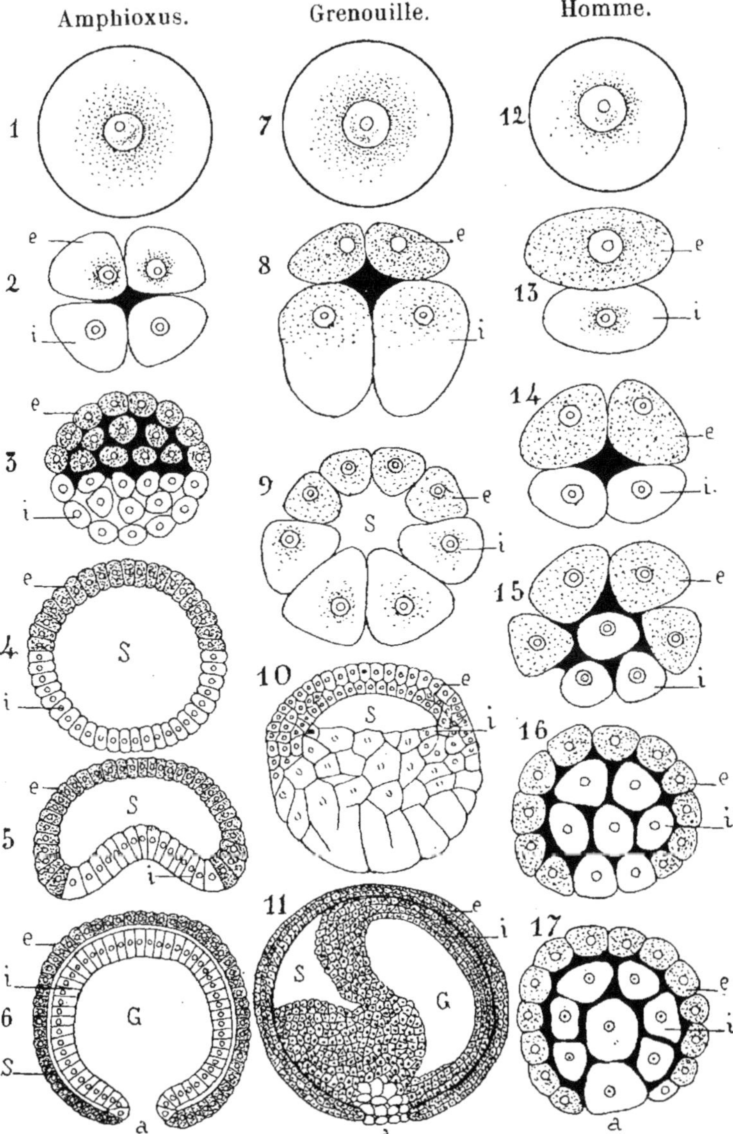

Fig. 13. — Exemples de segmentation égale et totale (Amphioxus), inégale et partielle (Grenouille), inégale et totale (Homme). — D'après Haeckel. — 1, 7, 12,
ovules ; 2, 8, 13, début de la segmentation ; 3, 9, 15, morula ; 4, 9, 16, blastula ;
5, 10, 16, début de la gastrula : 6, gastrula ; S, cavité de segmentation ; d, archentère ; o, blastopore ; n, jaune de nutrition ; i, entoderme ; c, exoderme.
L'ectoderme est ombré, l'entoderme en clair.

A la périphérie de cette mûre, se rangent bientôt des blastomères sous la forme d'une membrane ; au centre se forme une cavité. La paroi de cette sphère creuse, c'est ce qu'on a appelé la *blastula*, le *blastoderme*; la cavité, c'est ce qu'on a nommé le *blastocèle, la cavité de segmentation*, où s'accumule le liquide périvitellin.

Il y a quatre espèces de blastula et ces quatre formes sont déterminées par la masse de deutoplasma de l'œuf. Dans les œufs à segmentation inégale (l'irrégularité commence au stade 4), les micromères ou cellules du pôle animal renfermant plus de deutoplasma que les macromères ou cellules du pôle végétatif, se multiplient plus rapidement et ne tardent pas à devenir plus nombreuses. Lorsque la différence de volume entre les cellules animales et les cellules végétatives, n'est pas très considérable (Vers, Gastéropodes), ces deux sortes d'éléments restent dans les segments correspondants à l'œuf. La morula et la blastula présentent une calotte de petites cellules (cellules animales) et une calotte de grandes cellules (cellules végétatives). Au contraire, lorsque les cellules végétatives sont très volumineuses (Cyclostomes, Amphibiens, Mammifères), les cellules animales qui s'accroissent beaucoup plus vite, empiètent sur l'amas des cellules végétatives et les enveloppent au point de ne laisser, au pôle végétatif de l'œuf, qu'une ouverture au niveau de laquelle font saillie les cellules végétatives maintenant englobées. Cette ouverture, c'est le *blastopore* ou *anus de Rusconi ;* la partie de l'amas des cellules végétatives qui bouchent le blastopore, c'est le *bouchon vitellin.* C'est ainsi que se forme, par *épibolie* comme on le dit, la blastula de l'œuf des mammifères.

GASTRULA. — LES FEUILLETS PRIMITIFS DU BLASTODERME

L'évolution de l'œuf ne s'arrête pas au stade blastula. Aux dépens de celle-ci se développe une larve à deux feuillets. Cette larve, c'est la *Gastrula*.

Celle-ci se forme de trois manières : 1º par invagination ; 2º par délamination ; 3º par épibolie.

Dans le premier mode, le blastoderme rentre en dedans de lui-même, il s'invagine comme on dit, et de là résulte un blastoderme à deux feuillets. Dans le deuxième mode, la déblastulation, au lieu de s'effectuer par invagination se fait par délamination, les cellules du blastoderme se divisant tangentiellement au plan de surface de la blastosphère. Il en résulte une planula (blastula didermique) par délamination ou dédoublement. C'est le cas des œufs d'Actinies. Chez] les Mammifères la gastrula se forme par épibolie.

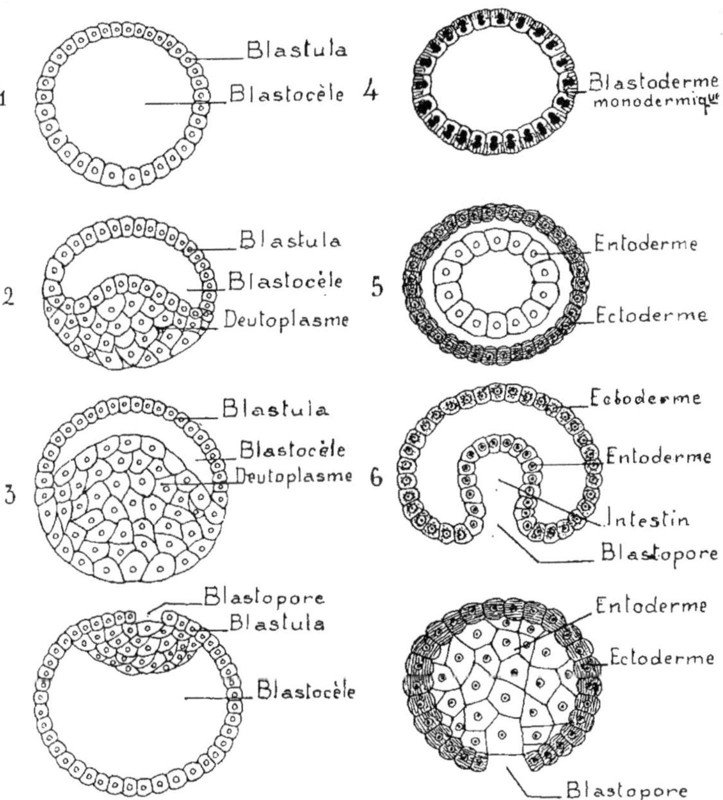

Fig. 14. — Diagrammes de la segmentation de l'œuf et de la formation des deux feuillets primitifs du blastoderme. La morula donne une blastula qui se divise en quatre espèces déterminées elles-mêmes par la masse de deutoplasma de l'œuf. 1, Blastula d'Amphioxus ; 2, Blastula des Cyclostomes et des Amphibiens ; 3, Blastula des Poissons-Reptiles-Oiseaux (œufs méroblastiques) ; 3', Blastula de Mammifères. Aux dépens de la blastula monodermique (5), se développe une larve à deux feuillets (diblastula), soit par délamination (5), soit par invagination (6) ou par épibolie (7).

Mais quel que soit le mode de formation de la planula ou blastoderme didermique, le résultat est partout le même, à savoir le dédoublement de la blastosphère en deux feuillets, l'un externe, feuillet externe du blastoderme ou ectoderme (feuillet de protection et de sensibilité), l'autre interne, feuillet interne du blastoderme

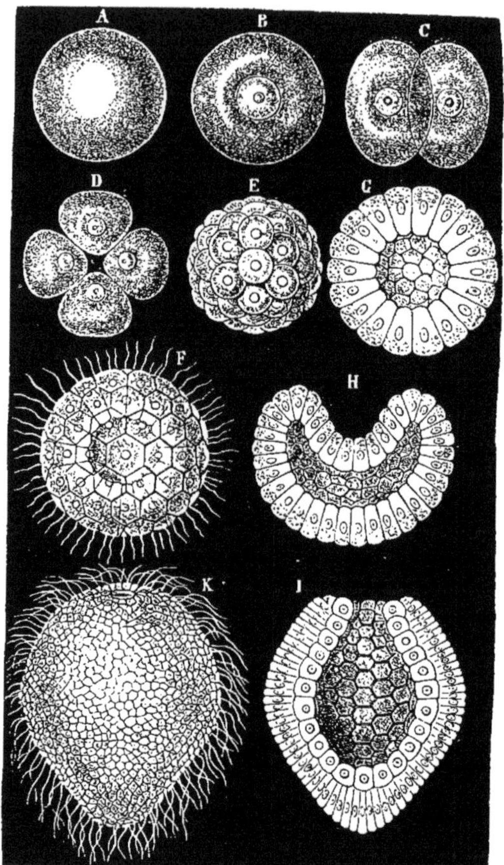

Fig. 15. — Segmentation et formation de la gastrula chez les *Cœlentérés* (Haeckel). A, B, œuf ; C, les deux premiers blastomères ; D, E, segmentation ; F, G, blastula ; H, début de l'invagination gastruléenne ; I, K, gastrula entière et en coupe.

ou entoderme (feuillet de nutrition), la cavité (cavité de la gastrula) qui résulte de cette formation portant le nom de *cœlenteron*, et l'ouverture (orifice de la gastrula) celui de *blastophore*.

La *morule* se convertit donc en *blastule*, et la blastule produit un blastoderme plus complexe, un blastoderme à deux feuillets, soit par le *mode endocytulaire* (par délamination), soit par le *mode gastrulaire*.

La phase gastrulaire paraît être le procédé primitif de formation des feuillets blastodermiques primordiaux, puisqu'on la trouve seulement chez les animaux inférieurs; elle s'est modifiée ultérieurement en genèse planulaire par l'effet d'une accumulation toujours croissante de deutolécithe dans l'œuf (L. Roule). Dans la planule, les feuillets et l'entéron se développent, soit par le mode direct ou différenciation sur place (Spongiaires, Hydrozoaires), soit par le mode indirect ou formation des feuillets par épibolie.

En résumé, la blastula ou vésicule blastodermique monodermique donne lieu à un blastoderme didermique ou gastrula ; la cavité de la gastrula, c'est l'archentère ou cœlenteron, son orifice, le blastopore, entéropore ou ligne primitive ; les deux feuillets, les *feuillets primitifs* du blastoderme.

Entre ces deux feuillets primitifs du blastoderme apparaîtra un troisième feuillet, le *feuillet moyen* ou *mésoderme*.

Aux quatre espèces de blastula correspondent quatre espèces de gastrula.

1) Chez l'Amphioxus, la cavité du cœlenteron est large et les deux feuillets germinatifs consistent, l'un et l'autre, en une seule assise de cellules.

2) Chez les Cyclostomes et les Amphibiens, la masse des cellules vitellines s'accumule au plancher du cœlenteron, dans le feuillet interne, et fait saillie dans la cavité du cœlenteron qui, de ce fait, se trouve très réduite.

3) Chez les Poissons, les Reptiles et les Oiseaux, le processus d'invagination se fait au niveau du blastophore et reste limité au disque germinatif. Le reste du vitellus (vitellus non segmenté) ne s'invagine pas, à cause de son volume considérable.

4) Chez les Mammifères ce feuillet interne prend son origine de la partie épaissie de la blastula, par épibolie ou invagination, car l'œuf de ces animaux porte un blastopore comparable à la ligne primitive de l'œuf des Oiseaux.

Chez les Vertébrés la gastrula présente une symétrie bien nette. On peut y distinguer ce qui sera plus tard l'extrémité céphalique, l'extrémité caudale, la face dorsale de l'embryon. L'extrémité caudale correspond au blastopore, la face ventrale à l'amas de vitellus segmenté ou non segmenté.

Dans les ovules à segmentation partielle, le deutolécithe, qui ne se partage pas en fragments, est enveloppé par les éléments cellulaires du blastolécithe, et le jeune embryon est une *planule lécithique* ou blas-

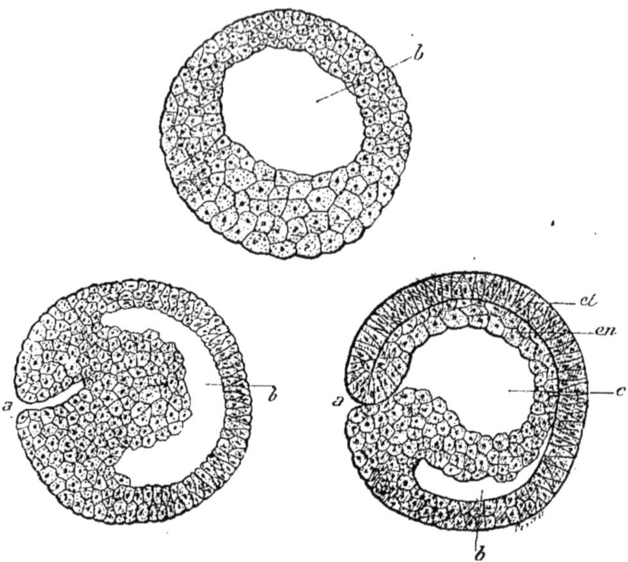

Fig. 16. — Vésicule blastodermique et gastrula d'un Amphibien (Siredon). *a*, blastopore ; *b*, blastocœle ; *c*, archentère après la gastrulation ; *et*, ectoderme ; *en*, endoderme.

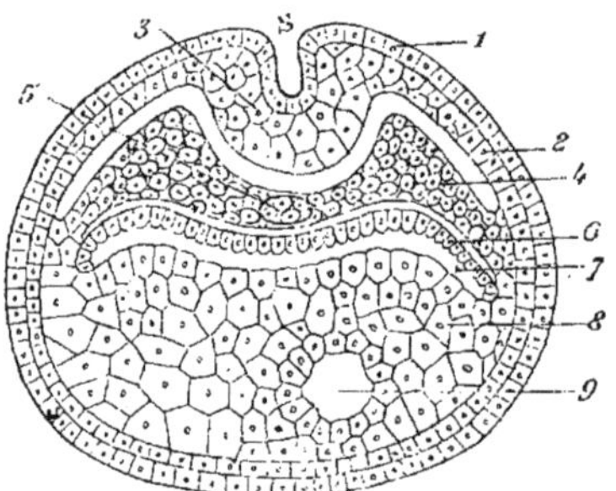

Fig. 17. — Stade plus avancé de l'œuf de Batracien. 1, ectoderme périphérique ou cutané; 2, ectoderme (deuxième couche le cellules) ; 3, plaque médullaire (ectoderme invaginé ou interne) avec S, sillon médullaire; 4, mésoderme; 5, corde dorsale ; 6, endoderme ; 7, cavité intestinale; 8, vitellus; 9, reste de la cavité de segmentation (blastocèle).

toderme disposé autour d'une masse de vitellus nutritif (Reptiles, Oiseaux).

A côté du mode planulaire il y a, dans la genèse du blastoderme, le mode blastulaire. Les différences entre ces deux modes — et il y a toute une série de transitions qui les réunissent — dépendent de la richesse de l'œuf en deutolécithe. Plus un œuf contient de vitellus nutritif, plus la génèse du blastoderme s'effectue avec compacité, avec absence de cavité. C'est ce qui fait que les œufs alécithes présentent la phase blastulaire, tandis que les œufs télolécithes passent par l'état de planule. Comme la segmentation est totale ou partielle selon que l'œuf contient peu ou beaucoup de deutolécithe, on voit que la segmentation est guidée par la richesse de cet œuf en réserves nutritives.

Comme conséquence, l'embryon d'un œuf holoblastique est obligé de quitter ses membranes de bonne heure pour aller au dehors puiser les matériaux de sa nutrition. Ces embryons libres sont appelés *larves*. Au

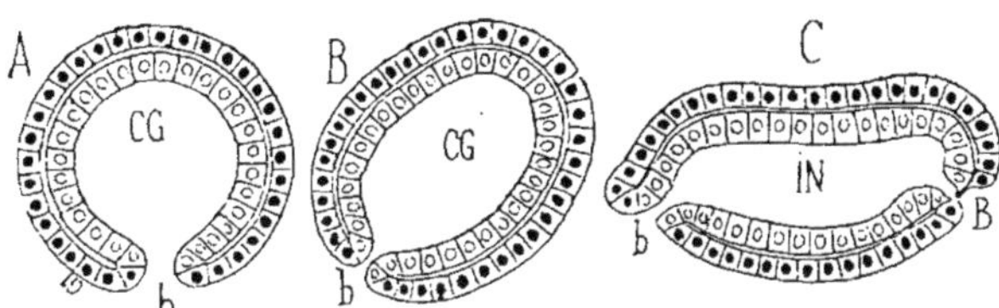

Fig. 18. — Transformation de l'archigastrula en embryon (Amphioxus). La bouche primitive (*b*) de la gastrula (A) devient l'orifice anal de l'embryon C ; la cavité G G de la gastrula (A) devient la cavité intestinale (I N), et un orifice buccal (B) se produit à l'extrémité antérieure de l'embryon figures empruntées à Mathias Duval).

contraire, l'embryon d'un œuf méroblastique, abrité dans les membranes choriales, trouve dans l'œuf les matériaux nutritifs qu'il lui faut ; aussi ne devient-il libre qu'après avoir achevé son développement. Il suffit de comparer les Amphibiens avec leurs larves ou têtards aux Oiseaux pour se rendre compte de la différence des œufs holoblastiques et des œufs méro-

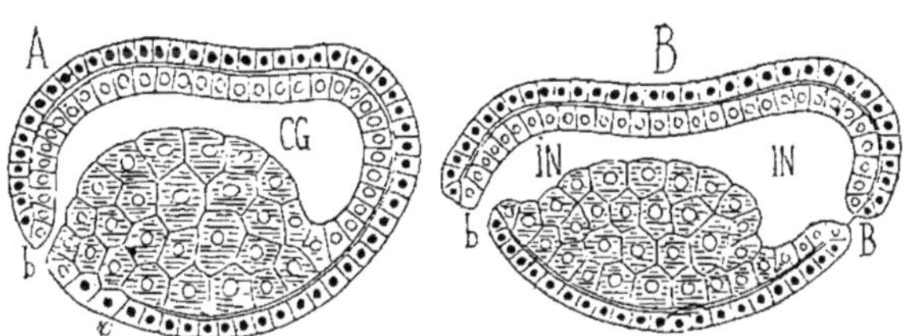

Fig. 19. — Transformation de l'amphiblastula (A) en embryon (B) chez le têtard de grenouille (Mathias Duval). b, blastopore ; CG, archentère ; IN, intestin ; B, bouche.

blastiques. Un deutolécithe abondant amène ainsi la formation tardive d'un embryon libre, ce retard pouvant aller jusqu'à donner une évolution fœtale, tandis que la pauvreté en deutolécite entraîne la formation hâtive d'une larve, excepté là où un placenta (Mammifères placentaliens,

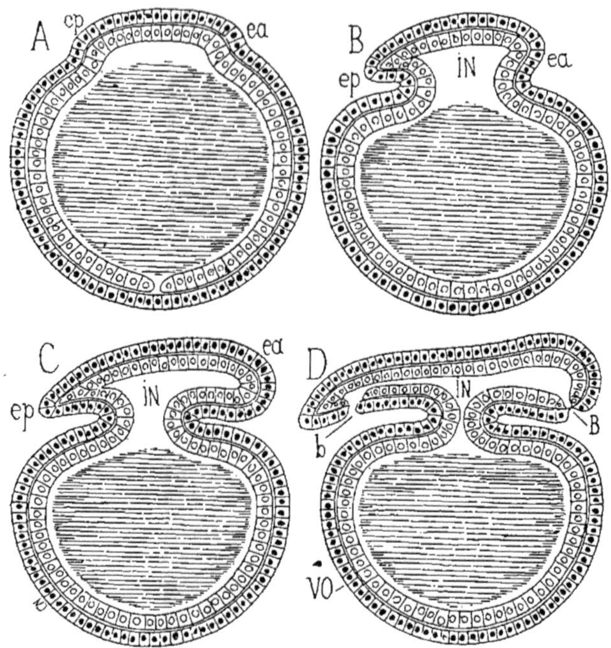

Fig. 20. — Discogastrula (développement de l'œuf d'oiseau). A, ep, ea, corps de l'embryon ; B, C, D, l'embryon se sépare de plus en plus du reste de l'œuf ; VO, vésicule ombilicale ; IN, intestin ; b, anus ; B, bouche (Mathias Duval).

certains Sélaciens, les Salpes) permet au fœtus de tirer sa nourriture du générateur par un nouveau moyen.

VIII

LE MÉSODERME. — LE CŒLOME

Une fois le stade gastrula accompli, le *germe* complique de plus en plus son développement. Il va faire, avec les feuillets précédents (feuillets primitifs du blastoderme) et par suite de plissements

simultanés ou successifs du feuillet externe et du feuillet interne
de nouveaux organes primordiaux. L'entoderme donne naissance :

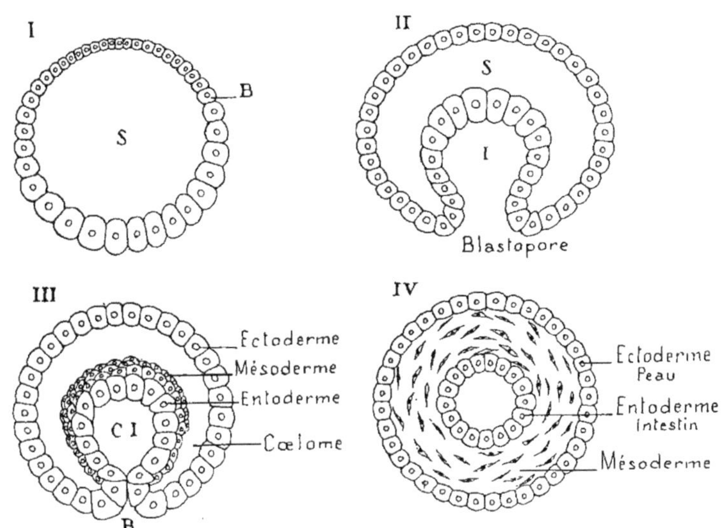

Fig. 21. — Formation des feuillets blastodermiques. I. B, blastoderme protoder-
mique déjà différencié en un pôle supérieur et un pôle inférieur ; S, cavité de
la vésicule blastodermique (blastocœle) ; II. Gastrula (blastoderme didermique) ; I, cavité intestinale ; III. Le mésoderme s'est développé aux dépens de
l'endoderme (blastoderme tridermique) ; CI, cavité intestinale ; B, blastopore ;
IV. L'intestin est clos et séparé de la peau par le mésoderme.

1° au feuillet moyen, dont la cavité deviendra la cavité générale du
corps ou cœlome ; 2° le feuillet glandulaire de l'intestin ou entoderme secondaire (épithélium du tube digestif avec ses dépendances) ; 3° la première ébauche du squelette axial, la notocorde ou
corde dorsale.

Chez tous les vertébrés, il se forme à la voûte du cœlentéron
trois évaginations, une médiane, celle de la corde dorsale, deux
latérales, celles des sacs cœlomiques qui se séparent par étranglement de l'endoderme primitif.

Les sacs cœlomiques ou évaginations parentériques sont l'origine du mésoderme. Ils commencent à se développer autour du
blastopore et progressent ensuite d'arrière en avant en s'insinuant
entre l'ectoderme et l'endoderme.

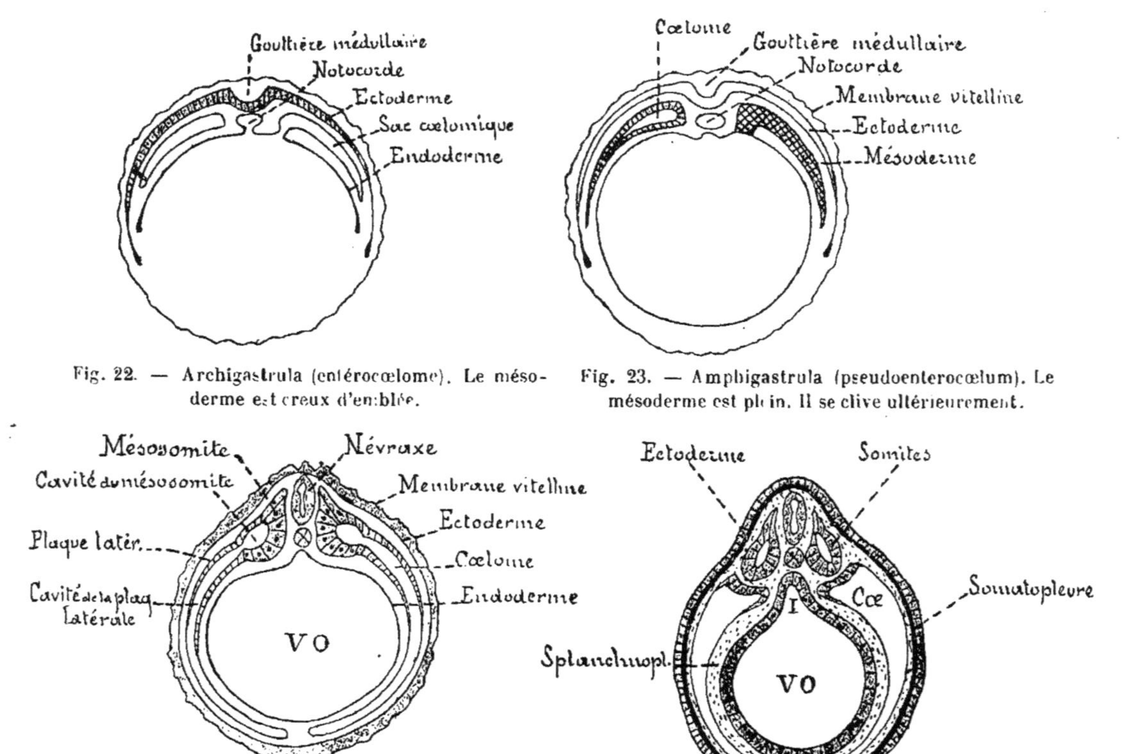

Fig. 22. — Archigastrula (entérocœlome). Le mésoderme est creux d'emblée.

Fig. 23. — Amphigastrula (pseudoenterocœlum). Le mésoderme est plein. Il se clive ultérieurement.

Fig. 24. — Développement du cœlome (stade III). Coupe transversale du blastocyste. Les deux sacs cœlomiques sont encore séparés. La plaque rachidienne (protovertèbre) commence à se séparer de la plaque latérale.

Fig. 25. — Développement du cœlome (stade IV). Coupe transversale du blastocyste. Les deux sacs cœlomiques sont réunis en une cavité unique. La protovertèbre s'est complètement séparée de la plaque latérale.

Chez l'Amphioxus, les évaginations parentériques sont nombreuses, disposées en file (disposition métamérique) et creusées d'une cavité.

Chez les autres Vertébrés, au lieu d'être creux, les sacs cœlomiques sont pleins et procèdent de l'endoderme péristomal. Mais ultérieurement, ils se creusent d'une cavité.

Il en résulte donc que dans un cas comme dans l'autre, le mésoderme est composé de deux feuillets, l'un externe qui s'accole à

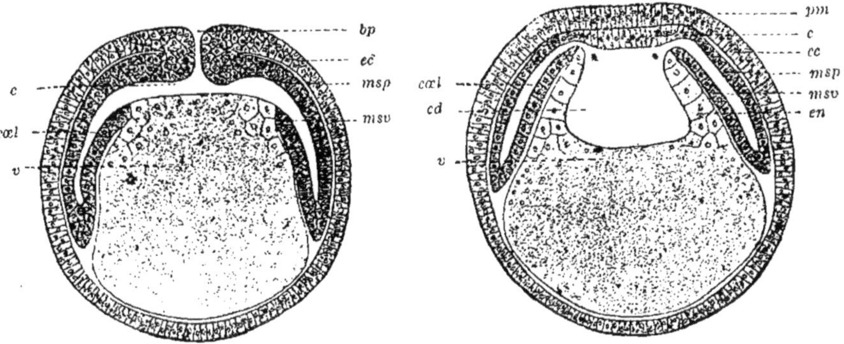

Fig 26 et 27. — Schèmes destinés à montrer le mode de formation du mésoderme et du cœlome chez les vertébrés. Coupe passant par le blastopore. *bp*, blastopore ; *c*, cœlentéron ; *cœl*, cœlome ; *v*, vitellus ; *ec*, ectoderme ; *msp* et *msv*, feuillet pariétal et feuillet viscéral du mésoderme (Hatcheck).

Fig. 27. — Coupe passant en avant du blastopore. *pm*, plaque médullaire ; *c*, ébauche de la corde dorsale ; *ec*, ectoderme ; *en*, entoderme ; *msp*, feuillet pariétal du mésoderme ; *msv*, feuillet viscéral du mésoderme ; *v*, vitellus ; *nv*, noyaux vitellins ; *cd*, archentéron ; *cœl*, cœlome.

l'ectoderme pour former la somatopleure ou feuillet fibro-cutané, l'autre interne, qui s'unit à l'endoderme pour constituer avec lui la splanchnopleure ou feuillet fibro-intestinal (fig. 26 et 27).

Il y a, à partir de ce moment, deux feuillets moyens entre lesquels on voit une cavité, la cavité cœlomique ou cavité pleuro-péritonéale.

L'embryon est ainsi formé de quatre feuillets germinatifs et d'une cavité générale (cavité générale du corps, cavité cœlomique).

Lorsque ces phénomènes se sont accomplis, la cavité du cœlentéron est dès lors subdivisée en entoderme secondaire (feuillet

glandulaire de l'intestin) et en épithélium du cœlome (splanchno-
pleural et somatopleural).

A près la séparation des sacs cœlomiques du feuillet glandulaire

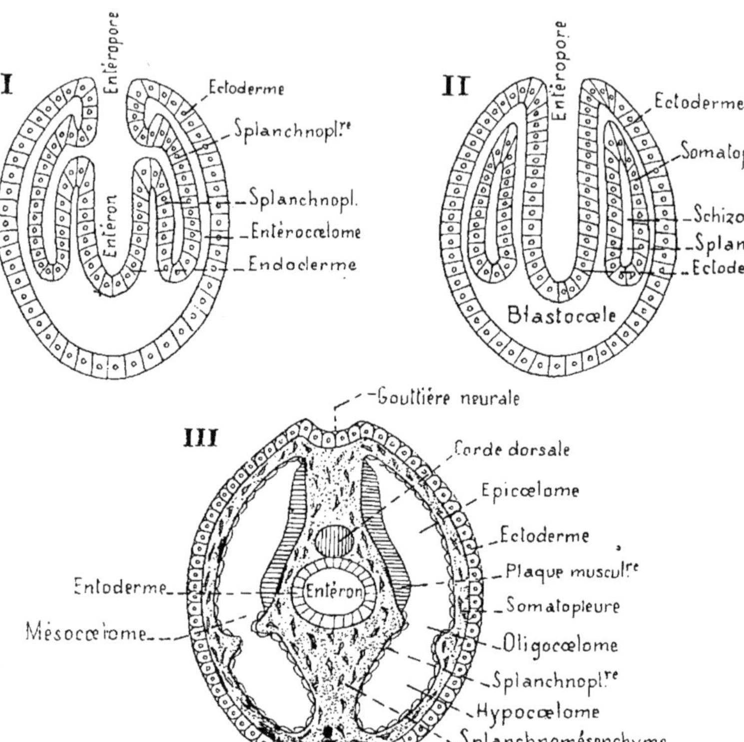

Fig. 28. — Origine du mésoderme et de la cavité générale du corps (cœlome). —
Imité de Roule. — I. L'entéron s'invagine de chaque côté de l'entéropore pour
donner les deux sacs cœlomiques ; II. Les sacs cœlomiques sont constitués et
le schizocœlum est formé d'une splanchnopleure ; III. L'intestin est fait, la
corde dorsale s'est séparée de l'endoderme intestinal, la gouttière neurale a
commencé à poindre, et le cœlome a commencé sa subdivision en épicœlome,
mésocœlome et hypocœlome.

de l'intestin, les bords, devenus libres, du mésoderme pariétal
et du mésoderme viscéral se soudent l'un avec l'autre. De même
les deux moitiés latérales du feuillet glandulaire de l'intestin se
soudent, après la séparation des ébauches de la corde dorsale

et du mésoderme, sur la ligne médio-dorsale, au-dessous de la corde.

Le mésoderme, en même temps qu'il se développe de bas en haut, se développe d'arrière et en avant et s'enroule autour de l'intestin. A un moment donné les bords ventraux de l'ébauche d'un côté se soudent aux bords ventraux de l'ébauche de l'autre côté (fig. 22 à 25) et c'est de la sorte que la cavité pleuro-péritonéale devient unique.

Pendant la formation du feuillet moyen, le blastopore, chez les Poissons, les Amphibiens, les Reptiles, les Oiseaux et les Mammifères, se transforme en une gouttière longitudinale située dans l'axe de l'ébauche embryonnaire (sillon primitif). Cette gouttière se forme d'avant en arrière et disparaît par soudure de ses lèvres. Ce qui en reste à l'extrémité caudale de l'embryon devient l'anus chez l'adulte. Avant de disparaître toutefois, le blastopore (sillon primitif) se trouve enveloppé par les bourrelets médullaires et il est reçu dans la partie postérieure du tube médullaire où il met alors, directement en communication l'intestin postérieur avec le canal médullaire. Cette communication, c'est ce que l'on appelle le *canal neurentérique*.

THÉORIE DU CŒLOME

Le mésoderme, avons-nous dit, provient de l'entoderme péristomal, tantôt sous la forme d'une double ébauche creuse, tantôt sous celle d'une double ébauche pleine.

Dans le premier cas (amphioxus, tuniciers) le cœlome est un enterocèle, un entérocœlum ; dans le second (vertébrés supérieurs) un blastocèle, un schizocœlum. Mais que le mésoderme soit creux d'emblée ou qu'il se creuse secondairement, ce qui demeure c'est que le cœlome est une cavité comprise entre les deux feuillets du mésoderme, et que l'enterocœlum paraît bien être la forme primitive, le schizocœlum une forme secondaire.

Le feuillet moyen dérive donc du protendoderme, et celui-ci dès lors est bien un *mesoendoderme*. Ce feuillet se présente sous deux formes: la *forme épithéliale* et la *forme mésenchymateuse*. Dans la première il limite un cœlome formé par un diverticule entérique ; dans la seconde forme, il reste massif ou bien se creuse de lacunes, ne communiquant jamais avec l'archentéron. C'est pour cette raison qu'on a divisé les Métazoaires en deux groupes: les *Entero-*

cœliens et les *Pseudocœliens*, ces derniers donnant les schizocœliens chez les formes où le mésoderme se creuse secondairement d'un cœlome qui ne communique jamais avec l'entéron.

Le mésoderme plein est un *pléomésoderme* (Cœlentérés) ; le mésoderme creux un *cœlomésoderme*. Ce dernier est simple, *oligocœlome*, parfois multiple, *polycœlome*.

Il y a un *cœlomésoderme schizocélien* chez les Vers. Les ébauches mésodermiques se développent dans le blastocœle. Il y a un *cœlomésoderme entérocœlien* chez les Echinodermes, les Entéropneustes, les Tuniciers et les Vertébrés. Seulement, dans le cas d'*embryogénie condensée* (Vertébrés), le processus évolutif est altéré et les ébauches mésodermiques (protovertèbres) semblent ne se creuser que secondairement sous la forme d'un schizocèle.

IX

MÉTAMÉRISATION DU MÉSODERME. SEGMENTS PRIMORDIAUX

Aussitôt qu'il s'est formé, le feuillet moyen se divise en plusieurs ébauches, alignées les unes derrière les autres (métamé-

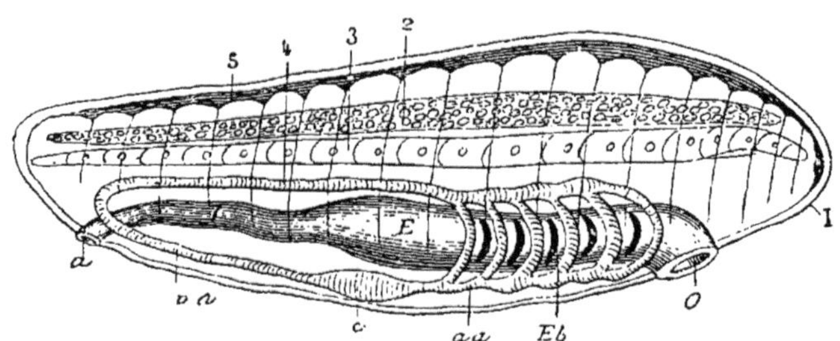

Fig. 29. — Coupe schématique longitudinale du vertébré primitif. 1, épiderme ; 2, moelle épinière ; 3, corde dorsale ; 4, vaisseau dorsal (artère principale) ; 5, segments musculaires ; *va*, vaisseau ventral (veine principale) ; *aa*, arcs aortiques branchiaux ; *Fb*, fentes branchiales ; O, bouche ; E, estomac ; I, intestin ; *a*, anus (d'après Haeckel).

risation du mésoderme, formation des protovertèbres ou segments primordiaux). Cette division se fait par plissement et étranglement.

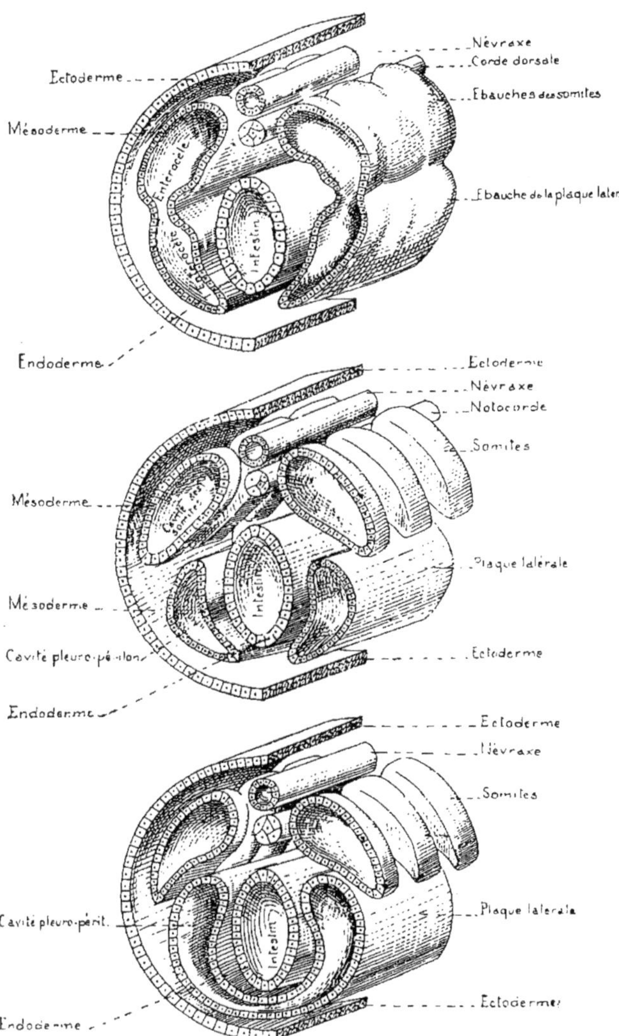

Fig. 30. — Origine de la cavité pleuropéritonéale (imité de Roule). Dans la première figure, le mésosomite et la plaque latérale sont encore communs. Dans la deuxième figure, le mésosomite s'est séparé de la plaque latérale. Dans la troisième figure, la plaque latérale s'est réunie à sa congénère du côté opposé.

  CH. DEBIERRE

Chez l'amphioxus la division du mésoderme en métamères est totale. Ce n'est qu'ultérieurement qu'il se divise en une portion dorsale qui donnera la protovertèbre ou *épicœlome*, et en une portion ventrale qui fournira le *splanchnocœlome*, qui, segmenté au début, se transforme plus tard en une cavité unique par résorption des cloisons transversales qui le divisaient.

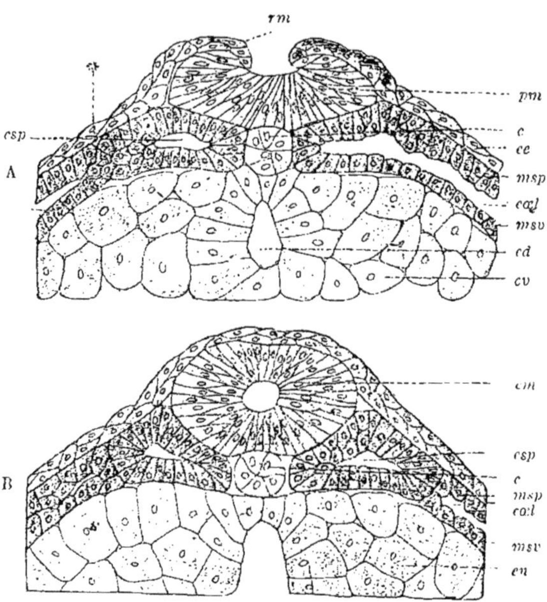

Fig. 31. — Coupe transversale d'un embryon de Triton (Hertwig). A, coupe pratiquée dans la partie du tronc où le système nerveux central est encore à l'état de gouttière et où les segments primordiaux commencent à se séparer, par étranglement, des plaques latérales ; *rm*, replis médullaires ; *pm*, plaque médullaire (gouttière médullaire) ; *cm*, canal médullaire ; *c*, corde dorsale ; *ec*, ectoderme ; *en*, endoderme ; *msp* et *msv*, feuillet pariétal et feuillet viscéral du mésoderme ; *cd*, cavité digestive ; *cœl*, cœlome ; *csp*, cavité d'une protovertèbre ; *cv*, cellules vitellines.

Chez tous les autres vertébrés, l'ébauche du feuillet moyen se divise d'abord en une portion dorsale et en une portion ventrale. La première forme la *plaque protovertébrale, plaque des segments primordiaux* (protovertèbres, somites) ; la seconde la *plaque latérale*.

La plaque des segments primordiaux est la seule qui se métamérise. Elle donne naissance aux protovertèbres disposées les unes derrière les autres. Par sa portion interne (myocœlum), elle donne les muscles striés du tronc.

Des bandes conjonctives inter-segmentaires séparent les somites; ce sont les myocommes.

La plaque latérale ne se segmente jamais. Sa cavité, qui devient visible lorsque le feuillet pariétal s'est éloigné du feuillet viscéral, constitue le cœlome (splanchnocèle), subdivisé d'arrière en avant en *mésocœlome*, qui donnera les néphrotomes ou mésomères et les canalicules du rein primordial et en *métacœlome* ou cavité pleuropéritonéale.

La métamérisation du feuillet moyen intéresse aussi bien la région céphalique *future* de l'embryon que son tronc. Il y a donc lieu de distinguer dans l'embryon, des *segments céphaliques*, dont le nombre n'est pas encore parfaitement établi dans les différents ordres de Vertébrés, et des *segments du tronc*, dont le nombre augmente, au fur et à mesure des progrès du développement, aux dépens de l'extrémité postérieure du tronc.

En effet, le cœlome envoie de chaque côté de la tête aussi bien chez les Reptiles (Parker) que chez les Batraciens (Osborn et Scott), les Elasmobranches (Balfour), l'Amphioxus et les Cyclostomes, des diverticules qui finissent par se détacher de la cavité mère. Ces diverticules vont constituer les *somites céphaliques* d'où dérivent les muscles de la tête. S'il est vrai que les plaques céphaliques des Mammifères, qui ne sont que la continuation en avant des plaques protovertébrales, ne se divisent pas en métamères, c'est là une acquisition secondaire, d'ordre cœnogénétique.

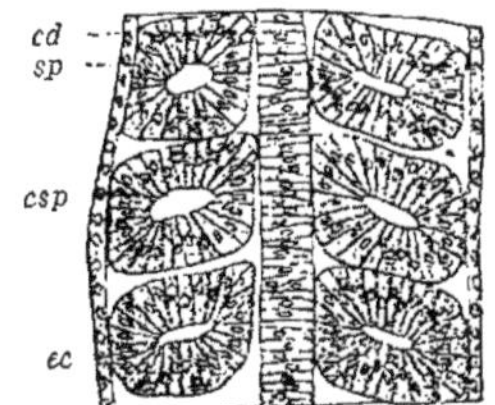

Fig. 32. — Coupe frontale d'un embryon de Triton pour montrer les protovertèbres; *cd*, corde dorsale ; *sp*, protovertèbre avec sa cavité (*csp*) ; *ec*, ectoderme.

X

DÉVELOPPEMENT DU TISSU CONJONCTIF ET DU SANG

Théorie du Parablaste (His.). — Théorie du Mésenchyme (Hertwig).

Outre les quatre feuillets germinatifs, qui constituent des lames épithéliales, il se développe encore, chez les Vertébrés, des germes spéciaux, venus du dehors de l'aire embryonnaire et qui s'infiltrent secondairement entre les quatre feuillets primitifs, dans l'épaisseur du feuillet moyen. Ces germes sont l'origine du tissu conjonctif et du sang.

De là sont sorties la *théorie du parablaste* et la *théorie du mésenchyme.*

Théorie du parablaste. — Le germe peut être divisé en deux parties, l'*archiblaste* et le *parablaste.*

L'*archiblaste,* n'est autre chose que le mésoderme du corps même de l'ébauche embryonnaire. Il provient des feuillets primordiaux comme nous l'avons vu.

Le *parablaste* est une ébauche située en dehors de l'aire embryonnaire et pénétrant secondairement entre les tissus archiblastiques. Il est constitué par des cellules migratrices qui se détachent du vitellus resté au-dessous de la cavité sous-germinale et des bords des feuillets primordiaux, pénètrent dans les interstices qui existent entre eux, et y subissent diverses transformations. Il donne naissance, en s'organisant, au tissu conjonctif (voy. p. 157) et au sang (voy. p. 159).

Théorie du mésenchyme. — La théorie du mésenchyme se rapproche beaucoup de la précédente. Ce tissu dérive de cellules émigrées de l'endoderme vitellin des feuillets épithéliaux primitifs, soit que ses germes se détachent au niveau de la zone marginale de l'ébauche embryonnaire, soit qu'ils se détachent de la paroi des segments primordiaux, des plaques cutanées, ou aux dépens de certaines parties des feuillets viscéral et pariétal du mésoderme.

La théorie de His et celle des frères Hertwig ne sont pas admises par tous les embryologistes. La *théorie de la double origine du mésoderme* à quoi elles aboutissent toutes deux, n'est pas sans avoir besoin de nouvelles confirmations.

Quoi qu'il en soit, comme d'une part, quel que soit son commencement, la cavité cœlomique est toujours entourée par les tissus du mésoderme et que l'on ne remarque pas que le schizocœle soit lié à un mésenchyme, ni que l'enterocèle soit toujours limité par un mésoderme épithélial ; et que, d'autre part, dans certains groupes, il n'est pas rare de voir un mésoderme débutant par l'état mésenchymateux pour s'achever suivant le mode épithélial (Annélides), ou inversement (Tuniciers), tandis que chez d'autres formes (Vertébrés) on trouve les deux modes réunis, il s'ensuit que la *théorie du mésenchyme* des frères Hertwig ne peut être acceptée sous la forme absolue que lui ont donnée ces embryologistes.

XI

INVERSION DES FEUILLETS

L'œuf d'un certain nombre de Rongeurs (rat, campagnol, souris, cochon d'Inde, lapin, etc.) présente un singulier phénomène signalé en premier lieu par Bischoff (1852), et connu sous le nom d'*inversion des feuillets*, de *renversement des feuillets*.

Dans cette disposition, il *semble* que le feuillet externe du blastoderme donne naissance à l'épithélium du tube digestif et de ses annexes, tandis que le feuillet interne devient l'origine de l'épiderme et du système nerveux.

Cette disposition inversée n'est qu'apparente, ainsi que l'ont montré les travaux de Kupffer, Selenka, Van Beneden et Julin, Mathias Duval. Les feuillets primaires du blastoderme donnent naissance aux mêmes produits chez tous les vertébrés.

Les figures que nous reproduisons (fig. 33) et qui sont empruntées aux remarquables mémoires de Mathias Duval sur le placenta des Rongeurs (1889-1890), nous permettront, mieux que toute description, de montrer en quoi consiste le phénomène de l'inversion des feuillets.

L'examen de ces figures permet de voir que l'inversion des feuillets résulte essentiellement du développement précoce de l'amnios et de la disparition du segment de la vésicule blastodermique qui ne donne pas naissance à l'embryon.

Dans un premier stade, le feuillet externe s'est épaissi en regard du feuillet interne. Il forme une sorte de bourgeon qui refoule l'endoderme dans la cavité blastodermique. Ce bourgeon, c'est le *bouchon* de Kupffer, le *suspenseur* de Selenka, organe homologue à l'ectoplacenta selon Mathias Duval.

Ultérieurement, ce bouchon se creuse d'une cavité (*cavité ecto-dermique*) et s'allonge de plus en plus dans la cavité blastoder-mique. Ce phénomène entraîne l'enveloppement du feuillet externe par le feuillet interne.

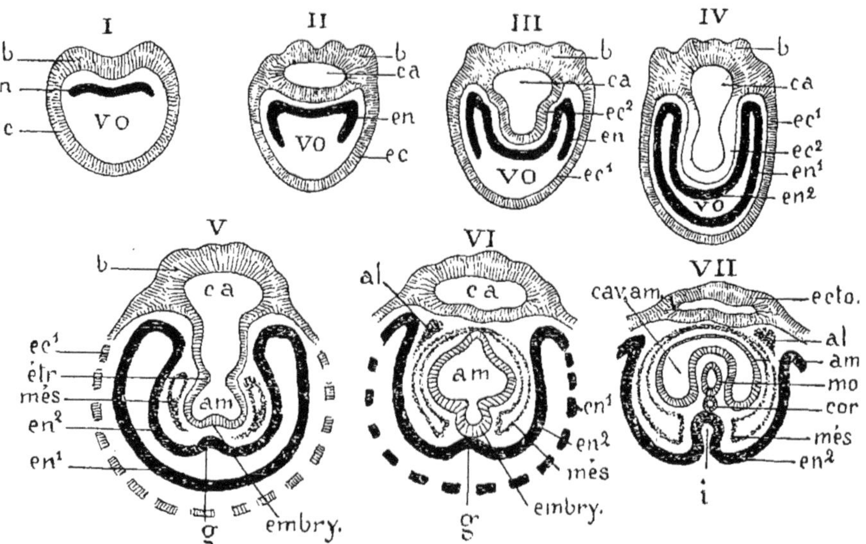

Fig. 33. — L'inversion des feuilles chez le Campagnol. — Sept stades successifs. — *ec*, ectoderme ; *en*, endoderme ; *vo*, vésicule ombilicale (sac vitellin) ; *b*, ecto-placenta ; *ca*, cavité ectodermique ou ectoplacentaire ; *ec₁*, ectoderme distal ; *en₂*, entoderme proximal ; *étr*, étranglement interamnio-placentaire ; *més*, pre-miers rudiments du mésoderme ; *am*, cavité de l'amnios ; *g*, ébauche de la corde dorsale (*cor*) ; *i*, gouttière intestinale ; *al*, allantoïde ; *mo*, moelle épi-nière. De V à VII, on voit comment le feuillet distal de l'ectoderme, puis le feuillet distal de l'entoderme disparaissent, de façon que le feuillet proximal de l'entoderme en est arrivé à envelopper l'embryon.

Bientôt, l'apparition du feuillet moyen de chaque côté de la ligne axiale de l'embryon étrangle la cavité ectodermique et les bords de l'étranglement se soudant sur la ligne médiane, on assiste à l'éclosion de deux cavités ectodermiques superposées ; la supé-rieure c'est le *faux amnios* (cavité ectoplacentaire), l'inférieure la *cavité amniotique.*

Puis, le feuillet externe disparaît dans le segment ventral de la vésicule blastodermique et la lame distale du feuillet interne se résorbe et s'en va. A ce moment, la lame proximale de ce feuillet forme le revêtement externe de l'œuf, tandis que l'ectoderme en occupe l'intérieur. C'est cette disposition qui a donné lieu à la théorie de l'interversion des feuillets.

Il ne paraît donc pas que l'inversion des feuillets soit liée à l'existence d'un proamnios très étendu, comme l'ont voulu Ed. Van Beneden et Ch. Julin.

Si le chorion secondaire est formé par l'ectoderme et reçoit les vaisseaux de l'allantoïde chez les Oiseaux et les Mammifères, cette conception n'est plus vraie chez les Rongeurs.

Longtemps on a admis, à la suite de Cuvier, Baer, Coste et Bischoff, que la surface de l'œuf du lapin, vascularisé par les vaisseaux omphalo-mésentériques, est un chorion soudé avec la vésicule ombilicale ; mais Mathias Duval a montré, et Slavjansky avec lui, qu'au niveau des villosités choriales de l'œuf du lapin, le chorion a disparu par résorption et qu'il n'y a pas d'autres villosités que celles de l'endoderme de la vésicule ombilicale.

XII

LA PLAQUE EMBRYONNAIRE

Aire transparente. — Aire vasculaire. — Aire vitelline

Après la formation du mésoderme et des vaisseaux sanguins, l'ébauche embryonnaire se trouve entourée par trois zones : 1° l'aire transparente ; 2° l'aire vasculaire ; 3° l'aire vitelline.

Au début, la tache embryonnaire sur la ligne axiale de laquelle on commence à apercevoir la ligne primitive, se présente sous la forme d'un disque ovoïde, circonscrite par une bordure claire, étroite ; cette bordure, c'est ce que l'on a appelé *l'aire transparente*. Au-delà de *l'aire transparente* s'étend une zone foncée beaucoup plus large ; c'est *l'aire opaque* qui apparaît sous la forme d'un croissant à la partie postérieure de l'ébauche embryonnaire et s'étend progressivement ensuite en avant.

Chez les Mammifères, la tache embryonnaire tout entière prend part à la formation de l'embryon, et l'aire opaque, développée au pourtour de la tache, se transforme en aire vasculaire dans toute sa largeur.

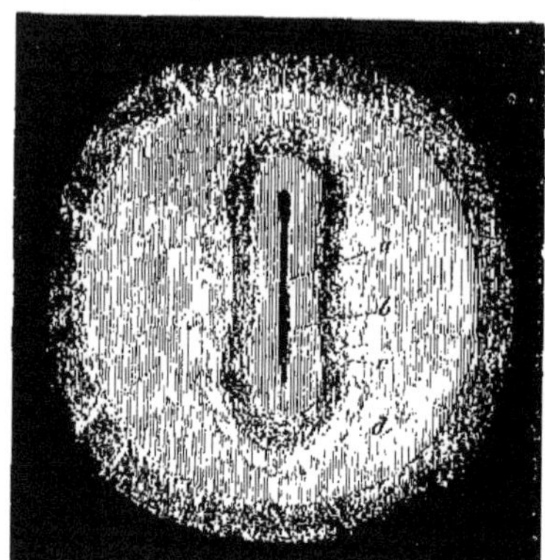

Fig. 34. — Tache embryonnaire du Lapin. *a*, sillon médullaire ; *b*, ébauche du corps de l'embryon ; *c*, aire transparente ; *d*, aire opaque.

Chez les Oiseaux, il n'en est pas tout à fait de même. De telle sorte que les mots aire transparente et aire opaque n'ont pas la même signification dans les deux classes.

Chez les Oiseaux, au moment où, de circulaire, la tache embryonnaire s'allonge et devient ovalaire, son centre s'éclaircit, tandis que sa périphérie reste obscure. D'où sa division classique en aire transparente et aire opaque.

Bientôt la portion centrale de l'aire transparente s'épaissit à son tour, devient opaque et se soulève : c'est *l'aire embryonnaire*, c'est le premier rudiment de l'embryon. Les vaisseaux sanguins se développent dans la partie interne seulement de l'aire opaque, qui, en raison de cette formation, a pris le nom d'aire vasculaire, tandis que le reste de l'aire opaque située en dehors de l'aire vasculaire, a constitué ce que l'on appelle *l'aire vitelline*.

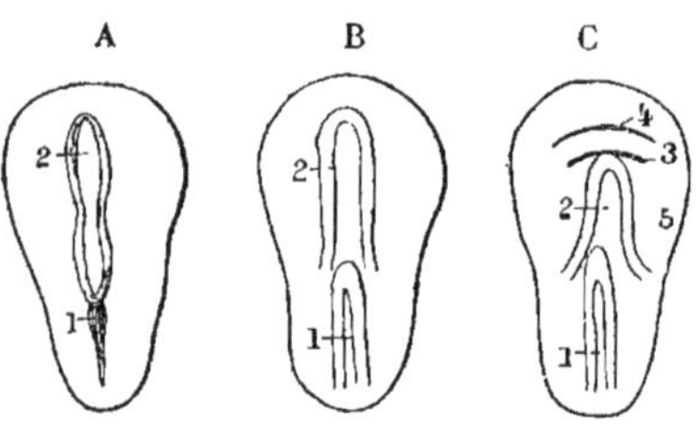

Fig. 35. — Développement de la ligne primitive et du sillon dorsal. Aire embryonnaire d'un embryon de Poulet de 15 à 18 h. Vue de face. 1, ligne primitive ; 2, sillon dorsal ; 3, repli céphalique ; 4, repli amniotique ; 5, aire transparente.

Aire embryonnaire. — Aire para-embryonnaire

Chez les Vertébrés dont les œufs sont pourvus d'un vitellus abondant, tels que les Oiseaux et les Reptiles, le corps de l'animal ne se développe qu'aux dépens d'une petite partie seulement des feuillets blastodermiques ; l'autre partie, beaucoup plus étendue, sert à former un sac vitellin et des enveloppes fœtales.

Il en résulte que le blastoderme est divisé en deux parties : 1° l'*aire embryonnaire*, qui renferme le canal médullaire, la corde dorsale, les protovertèbres, en un mot la formation qui donnera naissance à l'embryon et, ultérieurement, à l'être nouveau ; et, 2° l'*aire para-embryonnaire*, aux dépens de laquelle se formera une partie des annexes fœtales.

L'aire embryonnaire prend, par suite, la forme pisciforme, dans laquelle les feuillets primitifs s'arrangent en tubes, et où l'on voit l'ébauche de l'embryon se diviser en deux zones : 1° une zone centrale ou *zone rachidienne*; 2° une zone périphérique ou *zone pariétale*. La première se segmente, la seconde reste indivise.

L'aire extra-embryonnaire se transforme en sac, et ce sac, c'est le sac vitellin ou vésicule ombilicale.

Les feuilles de l'aire embryonnaire

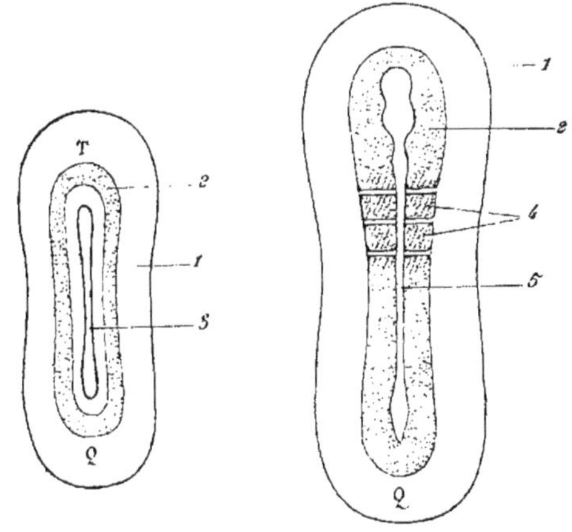

Fig. 36. — L'ébauche embryonnaire à ses débuts vue de face. T, extrémité céphalique ; Q, extrémité caudale ; 1, zone pariétale ; 2, zone rachidienne ; 3, gouttière médullaire ; 4, les premières protovertèbres ; 5, canal neural.

se plissent de façon à former deux tubes creux, emboîtés l'un dans l'autre : la lame somatique donne la paroi du tronc (repli céphalique, repli caudal, replis latéraux, ombilic abdominal); la lame splanchnique fournit la paroi de l'intestin (gouttière intestinale, aditus anterior et aditus posterior, canal vitellin, ombilic intestinal).

Les deux tubes restent en continuité par l'intermédiaire du pédicule vitellin et du pédicule abdominal en communication avec l'aire extra-embryonnaire. Ils sont séparés l'un de l'autre par le cœlome (cœlome interne dans le corps de l'embryon (fig. 45 à 49) cœlome externe (fig. 45 à 49) au niveau de l'aire extra-embryonnaire.

L'embryon s'entoure de plis créés aux dépens de la portion extra-embryonnaire de la lame somatique (replis amniotiques) donnant lieu à ce que l'on a appelé les capuchons céphalique, caudal et latéraux de l'amnios, dans lesquels il semble s'enfoncer.

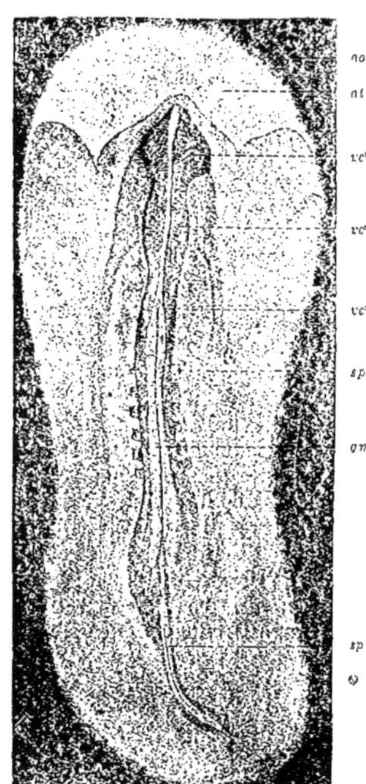

Fig. 37. — Aire embryonnaire de Poulet de 33 heures (Mathias Duval). *ao*, aire opaque ; *at*, aire transparente ; *gm*, gouttière médullaire ; *vc*1, *vc*2, *vc*3, les trois vésicules cérébrales ; *spr*, segments primordiaux ; *sp*, ligne primitive.

Ce plissement donne lieu à deux sacs qui enveloppent le corps de l'embryon :

L'amnios ;

La séreuse de Von Baer.

L'amnios se continue avec la paroi abdominale de l'embryon au niveau de l'ombilic abdominal (fig. 49).

Le sac vitellin se continue avec la lame splanchnique de l'embryon par le canal vitellin (0, fig. 45).

Aux dépens de la paroi ventrale de l'aditus posterior se forme l'allantoïde (16, fig. 47) qui s'engage par l'ombilic abdominal dans le cœlome externe, entre l'amnios et la séreuse de Von Baer (4, fig. 48).

A la fin du développement embryonnaire, le sac vitellin est entré en régression ; l'ombilic intestinal s'est fermé.

L'amnios, la séreuse de Von Baer et la portion extra-embryonnaire de l'allantoïde qui a donné le placenta finissent par se détacher au niveau de l'ombilic abdominal, et l'ombilic cutané se ferme. Ils sont rejetés comme désormais inutiles (arrière-faix).

Il demeure donc que les enveloppes fœtales ne sont primitivement rien autre chose que des parties du corps de l'embryon, des extensions de la paroi du corps, qui, chez les animaux supérieurs, sont devenus progressivement des organes accessoires, des organes caducs, qui ne fonctionnent que durant la vie fœtale.

XIII

DÉVELOPPEMENT GÉNÉRAL DE L'ÉBAUCHE EMBRYONNAIRE

Je vais récapituler le développement du « germe » depuis les premières segmentations du noyau vitellin jusqu'à la constitution d'une ébauche embryonnaire et d'enveloppes annexes, avant d'entrer dans les détails du développement des annexes et de l'embryon.

Aux dépens d'une masse cellulaire pleine, formée par les blastosphères, et appelée *morula*, se développe une *blastula*, creusée d'une cavité que l'on appelle *cavité de segmentation*. Aux dépens de la blastula, se développe par invagination d'une partie de sa paroi

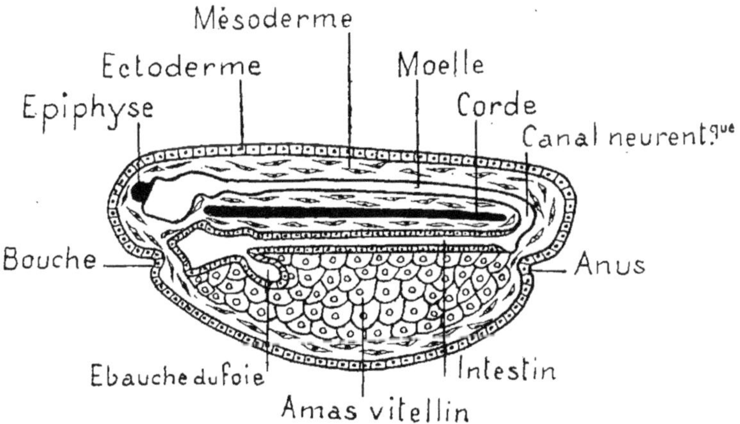

Fig. 38. — Diagramme d'une coupe longitudinale d'un embryon de Batracien.

une larve à deux feuillets, appelée *gastrula*. Les deux feuillets de la gastrula sont appelés *feuillets primordiaux*, et l'externe porte le nom d'ectoderme, tandis que l'interne est connu sous celui d'entoderme. La feute qui les sépare représente la cavité résultant de l'invagination ; c'est la cavité de l'intestin primitif ou archenteron, dont l'orifice de communication avec l'extérieur constitue la bouche primitive (blastopore, anus de Rusconi, ligne primitive).

Chez les vertébrés, la gastrula présente une symétrie bilatérale bien caractérisée. Le blastopore correspond à l'extrémité caudale ;

la face ventrale de l'animal futur correspond à celle qui regarde le vitellus.

A la voûte du cœlentéron, se développent deux évaginations latérales de l'endoderme : ces deux évaginations qui s'enfoncent entre l'ectoderme et l'entoderme, ce sont les *cavités cœlomiques*. A la suite, l'entoderme primordial se trouve divisé en : *a*) épithélium du tube digestif ou entoderme secondaire (feuillet glandulaire de l'intestin) ; *b*) épithélium du cœlome ou mésoderme subdivisé en un feuillet pariétal (somatopleure) et en un feuillet viscéral (splanchnopleure). — En même temps à la voûte du cœlentéron se forme l'ébauche de la *corde dorsale* aux dépens d'une invagination de l'entoderme primordial, comprise entre les deux invaginations cœlomiques. Chez l'amphioxus, les invaginations cœlomiques sont nombreuses, disposées métamériquement ; elles sont pourvues d'une cavité dérivée de l'entérocœle (myocœlome) et se développent progressivement d'avant en arrière.

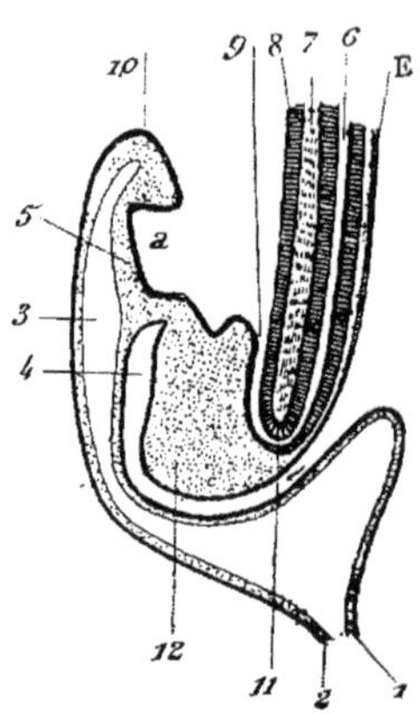

Fig. 39. — Diagramme d'une coupe sagittale de l'extrémité caudale d'un embryon d'Oiseau pour montrer le canal neurentérique et l'ébauche de l'allantoïde. *a*, allantoïde ; E, exoderme ; 1, 2, blastoderme extra-embryonnaire ; 3, cœlome externe ; 4, dépression anale ; 5, bourgeon allantoïdien ; 6, canal neural ; 7, corde dorsale ; 8, endoderme intestinal ; 9, intestin postérieur ; 10, endoderme ; 11, canal neurentérique ; 12, extrémité caudale.

Chez les autres vertébrés, les ébauches du mésoderme ou cœlomiques prennent naissance au pourtour du blastopore sous forme de deux ébauches cellulaires pleines dérivées de l'entoderme et qui ne se creusent d'une cavité (cavité cœlomique) que secondairement (pseudocœlome). Ensuite les trois organes dérivés de l'entoderme primitif, mésoderme, corde dorsale et feuillet glandulaire de l'intestin, se séparent les uns des autres par étranglement. En même temps que les ébauches cœlomiques et la corde dorsale s'isolent de l'entoderme, les deux moitiés latérales du feuillet glandulaire de l'intestin se soudent sur la ligne médiane, au-dessous de la corde dorsale.

Pendant la formation du mésoderme, la blastopore, chez les Poissons, les Oiseaux et les Mammifères, se transforme en une gouttière longitudinale et médiane, le *sillon primitif*.

Avant de disparaître, le blastopore et la ligue primitive sont

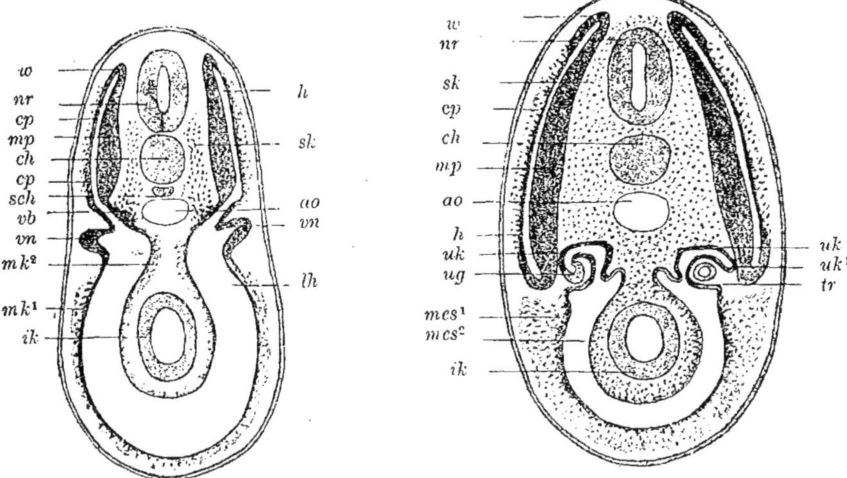

Fig. 40. — Schéma du cloisonnement du cœlome et de la différenciation du mésoderme chez les Sélaciens (Van Wijhe). *nr*, canal neural ; *ch*, corde dorsale ; *sch*, cordon subnotocordal ; *ao*, aorte ; *mk₁*, somatopleure ; *mk²*, splanchnopleure ; *ik*, endoderme secondaire (intestin) ; *w*, zone d'accroissement entre la plaque cutanée (*cp*) et la plaque musculaire (*mp*) ; *sk*, sclérotome ; *h*, myocèle (myélocœlome, épicœlome) ; *vb*, plaque intermédiaire (mésocœlome) qui unit la paroi de l'épicœlome à celle du splanchnocœlome (*lh*) et donnera naissance à un canalicule du corps de Wolff ; *vn*, néphrotome ; *uk*, canalicule du mésonéphros qui s'est détaché du segment primordial en *uk¹* ; *tr*, néphrostome ; *ug*, canal de Wolff ; *mes1*, mésenchyme dérivé de la somatopleure ; *mcs2*, mésenchyme de la splanchnopleure.

entourés par les bourrelets médullaires : il en résulte une communication entre le canal médullaire et le tube digestif : c'est le *canal neurentérique* qui s'oblitère bientôt et laissent dès lors indépendants l'un de l'autre le tube digestif et le canal médullaire.

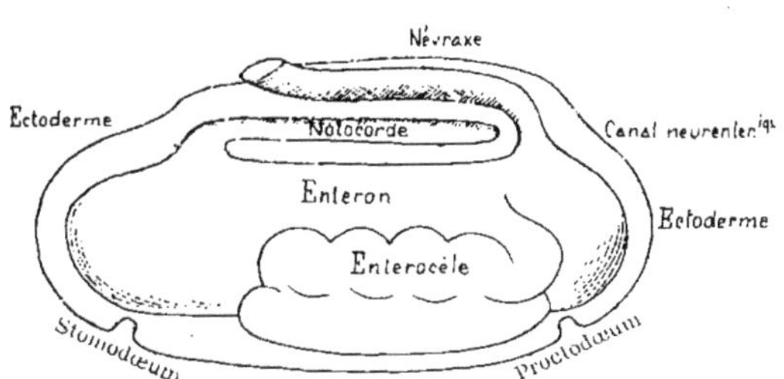

Fig. 41. — Origine de l'entérocœle.

Chez les Vertébrés le feuillet moyen se divise par plissement et étranglement en plusieurs ébauches. Chez les Sélaciens il se forme de la sorte trois ébauches qui vont de la partie dorsale vers la partie ventrale de l'embryon : l'épimère (segment musculaire), le mésomère (segment rénal), et le métamère (plaque latérale et cavité pleuropéritonéale). Chez l'Amphioxus les deux feuillets moyens se divisent aussi complètement en segments métamériques qui se placent en file ; les segments dorsaux fournissent les éléments des muscles striés du tronc ; les segments ventraux donnent naissance au cœlome qui, primitivement segmenté, se transforme ultérieurement en une cavité unique par résorption des cloisons qui le divisaient.

Chez tous les autres Vertébrés le mésoderme se divise aussi en une plaque dorsale (zone rachidienne, plaque des segments primordiaux) et en une plaque latérale (zone pariétale). La plaque dorsale est aussi divisée en segments, c'est-à-dire qu'elle s'est métamérisée en protovertèbres creusées d'un myocœlome.

Chaque protovertèbre est ainsi divisée elle-même en deux portions : une ventrale, la prévertèbre qui fournira les éléments des vertèbres (sclérotomes) ; une

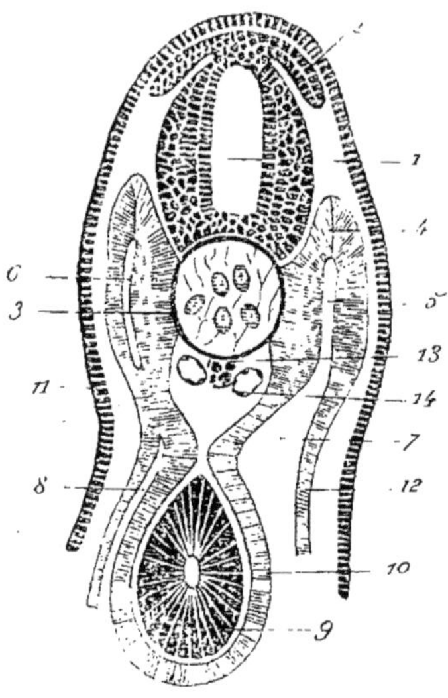

Fig. 42. — Coupe transversale du tronc d'un embryon de *Pristiurus* (Balfour) pour montrer l'isolement de la plaque protovertébrale (épimère) de la plaque latérale (cœlome). 1, canal médullaire ; 2, ébauche des racines dorsales des nerfs spinaux ; 3, corde dorsale ; 5, cavité des protovertèbres (épimère) ; 6, plaque musculaire (myomère) ; 7, 8, cœlome ; 9, endoderme de l'intestin ; 10, mésoderme intestinal ; 11, ectoderme cutané ; 12, mésoderme somatique ; 13, tige subnotocordale ; 14, aortes primitives.

dorsale, la plaque musculaire, qui fournira les muscles du tronc (myotomes). — Au contraire, la *plaque latérale* reste indivise et la cavité dont elle se creuse, unique à toutes les périodes, c'est la cavité pleuro-péritonéale.

Entre les deux protovertèbres, au-dessous de la corde dorsale,

les deux plaques latérales sont unies l'une à l'autre sur la ligne
médiane par un pont cellulaire qui constitue la *lame mésentérique.*
Sur la ligne ventrale de l'embryon elles se soudent et leurs cavités
s'abouchent l'une avec l'autre. Dans la région céphalique le feuillet
moyen ne subit point de clivage et le cœlome ne s'étend jamais
jusqu'à la tête, mais il se métamérise là comme au tronc, donnant
lieu d'une part aux *segments céphaliques,* de l'autre aux *arcs branchiaux.*

Dès que le névraxe et la notocorde ont pris naisssance, ces
formations primordiales règlent la symétrie du corps des Vertébrés.

Dans le cours du développement, l'embryon s'affaisse dans le
vitellus sous-jacent et s'enveloppe de replis formés aux dépens
de la partie extra-embryonnaire de la lame somatique. Ce processus
de plissement donne lieu à la formation de deux sacs qui enveloppent l'embryon : l'amnios et la séreuse de Von Baer.

Il y a donc lieu de diviser le développement de l'œuf en :

1° Développement de l'embryon ;

2° Développement des enveloppes et annexes.

Nous devons nous arrêter un instant sur le mécanisme général
du développement avant d'aborder l'étude du double développement
de l'embryon et de ses annexes.

Le processus de ce développement est le même, qu'il s'agisse de
l'embryon ou de ses enveloppes. Il est contenu tout entier dans les
principes suivants que nous avons déjà eu l'occasion d'énumérer :

1° Accroissement inégal des parties ;

2° Reploiement des parties pour donner l'évagination, l'invagination, la soudure, la résorption ;

3° La division du travail physiologique et la différenciation
histologique consécutive.

XIV

PRINCIPES DE L'HISTOGÉNÈSE

Tous les tissus et tous les organes dérivent des fouillets du
blastoderme, et aussi d'une masse cellulaire dérivée des cellules
vitellines qui ne s'arrangent jamais en membrane épithéliale, le

germe parablastique ou mésenchymateux. Voyons quel est le mécanisme biologique de cette évolution ascendante.

Les cellules de la morula et de la blastula dérivent toutes des bipartitions kariocinétiques successives du noyau fécondé de l'œuf. Toutes ces cellules sont pareilles et paraissent alors équipotentielles. Il n'y a donc alors qu'un seul tissu qui se confond tout entier avec le germe.

Au stade de la gastrula, aux dépens de ce tissu unique ont pris naissance des nouveaux tissus, disposés sous forme de feuillets épithéliaux, appelés ectoderme et entoderme, feuillets primordiaux constituant le tissu primitif, l'*archiblaste*. A ce dernier vient s'ajouter un tissu secondaire, le *parablaste*. Aux stades ultérieurs, le nombre des feuillets est porté à trois. Entre les deux premiers s'interposent un nouveau feuillet, auquel il faut ajouter le tissu parablastique ou mésenchymateux, dérivé lui-même d'ailleurs d'un épithélium. De ces tissus primordiaux dériveront tous les tissus définitifs, ainsi que l'indique le tableau des pages 104 et 105.

Une cellule de l'ectoderme différenciant sur sa surface libre, un bâtonnet sensible deviendra une cellule neuro-épithéliale des organes sensoriels; une autre s'invaginant dans la profondeur, modifiant sa forme et la constitution physico-chimique de son corps et poussant un prolongement qui la rejoint à un organe sensoriel ou moteur, deviendra une cellule nerveuse. Une cellule du mésoderme produisant dans son épaisseur des fibrilles de constitution histo-chimique spéciale, se transformera en fibre musculaire ; une autre, en s'arrondissant et prenant des caractères spéciaux, deviendra une cellule ovarique, un ovule. Une cellule épithéliale de l'endoderme modifiant sa forme et sa constitution, deviendra une cellule de l'épithélium intestinal, une cellule du foie, du pancréas. Enfin, par allongement des ponts qui unissent les cellules mésenchymateuses et la formation d'une substance intercellulaire spécifique entre les cellules, prendra naissance une cellule étoilée, qui est le type des cellules du tissu conjonctif, cartilagineux et osseux.

La conclusion que nous tirerons de ce court exposé histogénétique est que les différenciations si tranchées qui caractérisent les tissus adultes ont été atteintes, peu à peu, par degrés, lors des étapes successives parcourues par le germe durant son évolution et ses différenciations. Ces différenciations ne sont d'ailleurs que l'expression de la spécialisation de plus en plus élevée des fonctions cellulaires. L'élan, l'effort de la Nature vers le plus élevé vers le mieux, entraîne la différenciation de la cellule : la fonction faisait la cellule et deux fonctions différentes faisaient deux tissus. Cette conclusion est consacrée par la *spécificité cellulaire* (RENAUT, BARD, HILLEMAND). Contrairement à KÖLLIKER, GÖTTE, les deux HERTWIG qui considèrent les feuillets du blastoderme comme composés de cellules indifférentes et pouvant donner dans des cas divers des éléments dissemblables, certains auteurs ont en effet pensé que l'on pouvait diviser les cellules, en espèces, genres, familles. Ainsi, les cellules musculaires formeraient une espèce, les cellules de l'épithélium du cœlome un genre, celles de l'entoderme une famille.

Des cellules homœomorphes du blastoderme on peut descendre à un petit nombre de tissus types d'où dérivent les tissus épithélial, nerveux, musculaire, conjonctif, qui composent l'organisme adulte du Vertébré.

His et les frères Hertwig, nous l'avons vu, ont affirmé que les tissus de l'organisme adulte du Vertébré dérivent de deux portions distinctes de la blastosphère, les tissus épithéliaux et nerveux, les muscles, dérivant des feuillets de l'archiblaste, les éléments du tissu conjonctif et du sang provenant des cellules du parablaste. Mais si l'on réfléchit que le tissu conjonctif provient, au moins en grande partie, du mésoderme, et que le mésenchyme est lui-même d'origine épithéliale, on comprendra que RABL ait tenté de rechercher la source de tous les tissus dans un type commun, le *type épithélial*. Les tissus nerveux, musculaires, et même les tissus conjonctifs, dérivent en effet d'épithéliums (J. RENAUT, HŒCKEL, KÖLLIKER, RABL) : ce sont des *tissus para-épithéliaux* (J. RENAUT).

XV

PRINCIPES DE L'ORGANOGÉNÈSE

La *multiplication cellulaire* est la base de tous les phénomènes embryogéniques ; après avoir fourni la matière de tous les processus du développement, elle est le facteur essentiel de l'accroissement et de la complication des organes existants comme elle est la source de formation des organes nouveaux.

L'accroissement est égal et régulier ou inégal et irrégulier. Dans le premier cas, il en résulte une extension régulière, en tous sens, d'un organe membraneux. C'est ainsi que se font la dilatation et l'allongement des cylindres membraneux comme le tube intestinal ou le tube neural. Si ensuite l'organe ne trouve pas la place nécessaire à son extension, il se reploie et se contourne sur lui-même comme le fait l'intestin.

Lorsque l'accroissement est inégal, cela tient à ce que la multiplication cellulaire se fait plus activement en certains points de l'organe. On voit alors se former sur une membrame, sur les parois d'un tube, etc., un plissement, un bourgeonnement, une invagination ou une évagination. Ce processus occupe une place considérable en organogénie. C'est ainsi que le tube intestinal bourgeonne vers sa cavité pour donner lieu aux villosités et aux papilles et bourgeonne dans la profondeur pour fournir les glandes pariétales ou annexes du canal digestif (gl. de Liberkühn, gl. de Brunner, foie, pancréas, etc.). C'est encore par le même procédé formatif que se constituent, aux dépens de l'épiderme, des glandes et les dents (invagination), des poils et des organes sensoriels comme l'oreille interne. C'est par le bourgeonnement que se forment les membres aux dépens de la somatopleure.

Fig. 43 — Schème de la formation des papilles et des villosités (Hertwig). *a*, papille simple ; *b*, papille ramifiée ; *c*, papille simple dont la charpente conjonctive est tridentée.

Le bourgeonnement peut se compliquer. Le bourgeon peut se ramifier comme dans les glandes racémeuses (gl. salivaires, appareil respiratoire, papilles composées, etc.), et ses ramifications peuvent ensuite s'anastomoser entre elles (gl. réticulaires : foie ; canaux vasculaires). Enfin il peut y avoir pénétration réciproque ou apposition de deux tissus. Il en résulte alors, selon l'expression de J. Renaut, un véritable *remaniement* de l'organe primitif, comme cela a lieu pour le foie, l'amygdale, le thymus par exemple, encore que dans cet ordre d'idées on ait aussi soutenu que nombre d'organes composés d'éléments hétérogènes ne sont pas dus à la pénétration réciproque et intime de diverses ébauches, mais dérivent de la différenciation en éléments différents d'une ébauche unique (Rabl). Dans la fusion des bourgeons épithéliaux rentrent aussi les cas d'abouchement de deux bourgeons creux ou invaginations : c'est ainsi que se forment les fentes branchiales, la bouche, l'anus (voy. p. 88, 91, 103). ·

A côté de ces résultats de la multiplication cellulaire il y en a de tout différents. Si dans un bourgeon, un tube ou un organe creux, la multiplication cellulaire est très active à certains points et ralentie à côté, il en résultera des étranglements, des cloisonnements. Ce processus aboutit à la *segmentation*.

Le meilleur exemple qu'on en puisse fournir est la coupure ou segmentation des plaques protovertébrales en morceaux séparés que l'on a appelés segments primitifs, protovertèbres ou somites, qui ne sont que les représentants des métamères dont se composait primitivement le corps du Vertébré. Mais il y a plus, chez les Sélaciens, la cavité générale du corps se partage en trois portions, qui sont de la face dorsale à la face ventrale de l'embryon, l'épicœlome, le mésocœlome et le métacœlome. Les portions de mésoderme qui en constituent les parois sont respectivement l'épimère ou protovertèbre, le mésomère ou plaque moyenne et l'hypomère ou plaque latérale. Ces différentes portions du cœlome et du mésoderme s'isolent les unes des autres dans le cours du développement, et l'épicœlome devient un myocœlome, c'est-à-dire la cavité d'un sac musculaire ou myotome ; le mésocœlome se transforme en cavité d'un segment rénal ou néphrotome, et le métacœlome se transforme en cavité pleuro-péritonéale.

En face de ces processus évolutifs, il est enfin des processus régressifs qui achèvent l'organisation définitive de certains organes. C'est le cas, par exemple, des os longs, qui n'acquièrent leur canal médullaire que par résorption de la substance osseuse.

Les mêmes phénomènes de morphogénèse se répètent-ils en des points identiques chez les divers animaux tout en donnant naissance à des organes physiologiquement différents, on dit que ces organes sont *homologues*. (Ex : vessie natatoire des poissons et tube pulmonaire des vertébrés). Se répètent-ils bilatéralement en donnant lieu de chaque côté de la ligne axiale du corps à des organes pairs, on dit que ces organes sont *homotypes* (Ex : les membres de chaque côté). — Les processus du développement aboutissent-ils à former des organes semblables qui se répètent à la suite les uns des autres avec les mêmes caractères, on dit que ces organes sont *homodynames* (Ex : les vertèbres, les membres antérieurs et postérieurs).

Il s'en faut toutefois que l'homologie soit toujours facile à découvrir. L'ontogénie, dans ses diverses étapes, représente une répétition chez l'individu, comme on l'a dit, de l'histoire de la souche. Mais cette répétition (*palingénèse*), dominée par l'hérédité, est souvent altérée, falsifiée (*cœnogénèse*) par les adaptations variées à de nouvelles conditions d'existence. Le corps de l'animal, en raison de la variabilité, ne doit donc pas être considéré comme fixé et immuable, mais comme en voie de fluctuation incessante (Wiedersheim). C'est ainsi que si les protovertèbres nous prouvent que l'hérédité a été assez puissante pour continuer à présenter les anneaux d'animaux analogues aux Vers chez les Vertébrés et chez l'homme lui-même (ce qui prouve la parenté des Annelés et des Vertébrés), combien la variabilité n'a-t-elle pas modifié l'antique Vertébré d'où dérivent les Batraciens, les Oiseaux et les Mammifères actuels ! Chaque segment ayant son tronçon de moelle, de cœlome, de tube digestif, etc., se suffisant à lui-même, a fait place à un organisme dans lequel les segments ont besoin les uns des autres pour vivre.

La vie de l'ensemble dérive de la vie individuelle dans les organismes supérieurs, mais la vie individuelle n'est possible qu'à la condition que la vie d'ensemble se maintienne. Le grand moteur de cette transformation est la différenciation organique et histologique, qui assure la division du travail physiologique et reconnaît pour cause l'adaptation à des fonctions nouvelles et différentes.

C'est ainsi qu'un même épithélium, l'épithélium du cœlome, devient une matrice de muscles (myotome) et de tissus conjonctifs (sclérotome) au niveau de l'épicœlome ; qu'il fournit d'une part l'ébauche des reins et des organes génitaux internes au niveau du mésocœlome (gononéphrotome), tandis qu'il se transforme en un simple épithélium de revêtement dans le métacœlome (épithélium pleuropéritonéal).

La *tératologie* elle-même, en nous montrant que les malformations ne sont que des anomalies du développement ontogénique ou phylogénique, nous a fourni une nouvelle preuve que les procédés ontogéniques ne sont qu'une survivance d'états ancestraux à jamais enfouis dans la nuit des temps.

XVI

ENVELOPPES ET ANNEXES DE L'EMBRYON

L'embryon plonge dans une poche pleine de liquide. Les parois de la poche sont, de dehors en dedans : 1º le premier chorion (membrane vitelline) ; 2º le deuxième chorion (chorion blastodermique, séreuse de von Baer) ; 3º l'amnios.

Dans les groupes supérieurs de Vertébrés, Sauropsidés et Mammifères, l'embryon s'enveloppe de replis formés aux dépens de la partie extra-embryonnaire de la lame somatique. Ces replis sont appelés les *replis de l'amnios*.

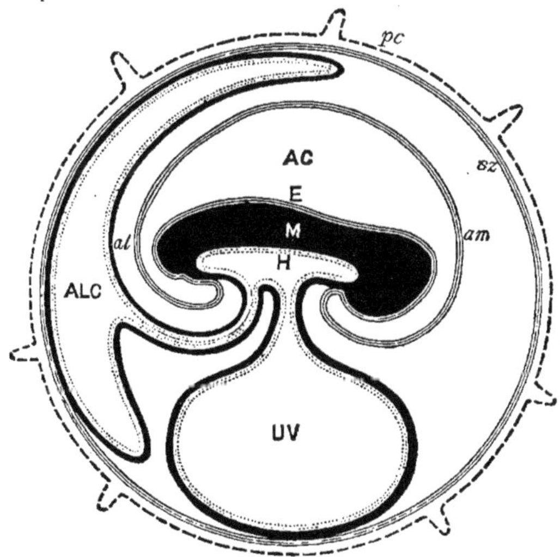

Fig. 44. — Enveloppes fœtales d'un Mammifère (Turner). *pc*, prochorion ; *sz*, séreuse de von Baer (chorion); E, endoderme de l'embryon ; *am*, amnios ; AC, cavité amniotique ; M, mésoderme de l'embryon ; H, endoderme de l'embryon ; UV, sac vitellin ; *al*, allantoïde ; ALC, cavité allantoïdienne.

Ce processus de plissement donne lieu à la formation de deux sacs dérivant d'une même formation (fig. 45, 46, 47, 48). Ces deux sacs c'est l'amnios et la séreuse de von Baer. Celle-ci, vascularisée par les vaisseaux de l'allantoïde, donne naissance à un allanto-chorion chez les Mammifères, à l'exception des Monotrèmes et des Marsupiaux, d'où provient à son tour le placenta fœtal.

Voilà les parties provenant de la vésicule blastodermique qui ne donnent pas naissance à l'embryon.

Mais l'organisme maternel, de son côté, intervient dans les enveloppes ou les annexes de l'œuf.

Cet œuf se fixe ordinairement sur le fond de l'utérus, et là s'entoure d'une sorte de capsule que la muqueuse utérine élève peu à peu autour de lui. Cette capsule, c'est l'origine de la *membrane caduque*.

Enfin, parmi les annexes du fœtus, il y a encore la vésicule ombilicale et la vésicule allantoïde.

1. PREMIER CHORION. — MEMBRANE VITELLINE

Le premier chorion est constitué par la membrane vitelline qui continue à envelopper l'œuf et se hérisse de villosités non vasculaires.

Au moment où cette membrane se forme, l'œuf fécondé est dans la trompe de Fallope. Il se segmente et se nourrit par endosmose et imbibition à l'aide du liquide albumineux sécrété par la muqueuse tubaire et utérine.

La matière nutritive, l'embryon la puise dans la vésicule ombilicale. Celle-ci est épuisée à la fin du premier mois chez l'homme, avec la circulation omphalo-mésentérique elle-même.

2. DEUXIÈME CHORION. — SÉREUSE DE VON BAER

Le *deuxième chorion, chorion blastodermique* ou *séreuse de Von Baer*, est formé par la somatopleure extra-embryonnaire, à la suite de sa séparation d'avec l'amnios.

Cette membrane s'applique contre le premier chorion qui disparaît, et se recouvre d'abondantes villosités vasculaires (2, fig. 47) qui vont puiser les matières nutritives dans la muqueuse utérine.

Sauf chez les Monotrèmes et les Marsupiaux, la séreuse de Von Baer se transforme chez les Mammifères en un chorion.

3. TROISIÈME CHORION. — ALLANTO-CHORION

Détachée de la paroi ventrale de l'aditus posterior, l'allantoïde

(16, fig. 42) s'enfonce dans le cœlome externe (7, fig. 47) et vient doubler la séreuse de Von Baer. Vascularisée par les vaisseaux ombilicaux, elle fournit des houppes vasculaires aux villosités du

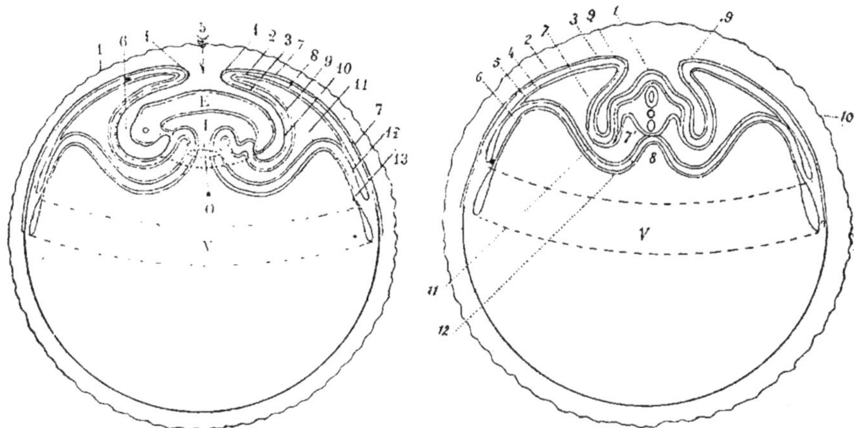

Fig. 45. — Diagramme d'une coupe longitudinale du blastoderme pour montrer la séparation de l'embryon de ses annexes. E, embryon ; V. vésicule ombilicale ; O, orifice intestino-vitellin ; 1, membrane vitelline ; 2, mésoderme, et 3, ectoderme du capuchon amniotique caudal ; 4, 4, replis amniotiques céphalique et caudal limitant l'ombilic amniotique, 5 : 6, capuchon céphalique de l'amnios ; 7 et 8, feuillet fibro-cutané ; 9 et 10, feuillet fibro-intestinal ; 11, cœlome externe ; 12, terminaison périphérique du mésoderme ; 13, terminaison périphérique de l'endoderme.

Fig. 46. — Diagramme d'une coupe transversale du blastoderme pour montrer la séparation de l'ébauche embryonnaire des membranes de l'œuf. 1, ectoderme embryonnaire ; 2, ectoderme extra-embryonnaire ; 3, 3, 4, mésoderme somatique, et 5, mésoderme splanchnique ; 6, endoderme ; 7, cœlome externe, et 7', cœlome interne ; 8, gouttière intestinale ; 9, replis amniotiques latéraux limitant l'ombilic dorsal (ombilic amniotique) ; 10, membrane vitelline ; 11, lames ventrales ; 12, lames splanchniques (bords de la gouttière intestinale).

deuxième chorion qui, elles-mêmes, sont enveloppées par la muqueuse utérine (caduque). Le réseau vasculaire de l'allantochorion se trouve ainsi environné par le réseau vasculaire de la mère. Parmi les anses vasculaires, les unes seules persistent et s'enchevêtrent avec les vaisseaux de la caduque sérotine : ce sont elles qui formeront le placenta fœtal.

4. AMNIOS

A une époque très reculée du développement, l'ébauche

embryonnaire paraît s'enfoncer dans le vitellus sous-jacent. Il en résulte un repli annulaire formé par la lame somatique du blastoderme extra-embryonnaire qui, s'accentuant de plus en plus, finit par envelopper l'embryon. Ce repli annulaire de la lame somatique, c'est l'ébauche de l'amnios et de la séreuse de von Baer.

A la partie antérieure du blastoderme, le repli coiffe la tête de

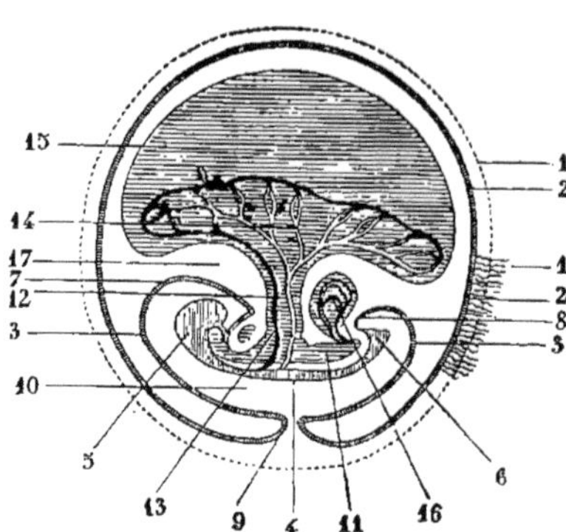

Fig. 47. — Œuf de 20 à 25 jours. Développement de l'amnios, origine de l'allantoïde. 1, membrane vitelline (premier chorion); 2, membrane séreuse (deuxième chorion, dont les villosités ont été représentées dans un point seulement de la surface de l'œuf) ; 3, amnios (portion réfléchie du chorion blastodermique); 4, 5, 6, embryon ; 7, capuchon céphalique, et 8, capuchon caudal de l'amnios ; 9, ombilic amniotique ; 10, cavité de l'amnios ; 11, intestin ; 12, conduit omphalo-mésentérique ; 13, 14, vaisseaux omphalo-mésentériques allant se ramifier sur la vésicule ombilicale : 15, 16, vésicule allantoïde à ses débuts ; 17, cavité amnio-choriale.

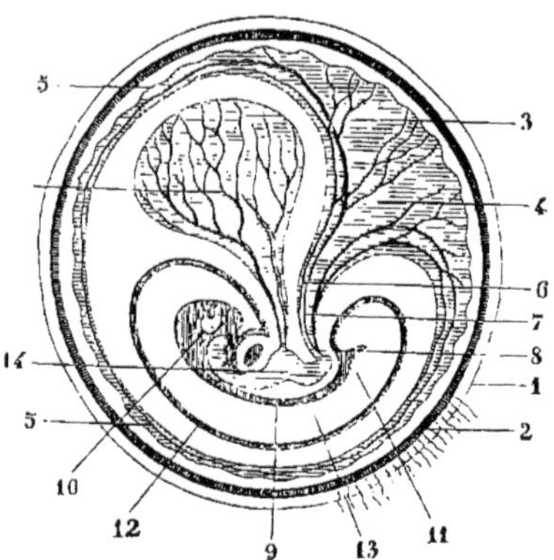

Fig. 48. — Œuf d'environ 30 jours. Développement de l'allanto-chorion. 1, membrane vitelline atrophiée ; 2, chorion blastodermique (membrane séreuse) ; 3, 4, 5, allantoïde ; 6, vaisseaux ombilicaux ; 7, attache de l'allantoïde à l'*aditus posterior* (ouraque) ; 9, embryon avec, 10, sa portion céphalique et 11, sa portion caudale; 12, amnios désormais fermé; 13, cavité de l'amnios; 14, intestin ; 15, vésicule ombilicale en voie de régression.

l'embryon et s'appelle le *capuchon céphalique* de l'amnios ; à la partie postérieure, le repli se développe plus tardivement et porte le nom de *capuchon caudal;* sur les côtés, il est appelé *repli latéral.*

Ces différents replis céphalique, caudal et latéraux de l'amnios s'accroissant de plus en plus, finissent par se rejoindre sur le dos de l'embryon, où, pendant un certain temps, persiste un orifice *(ombilic amniotique).* Enfin ils arrivent à se toucher dans le plan médian et se soudent d'avant en arrière *(suture amniotique)*.

Comme chaque repli est composé de deux lames, la lame externe d'un repli se soude à la lame externe du repli correspondant et la lame interne à la lame interne. Les lames externes, soudées les unes aux autres, se séparent ainsi des lames internes

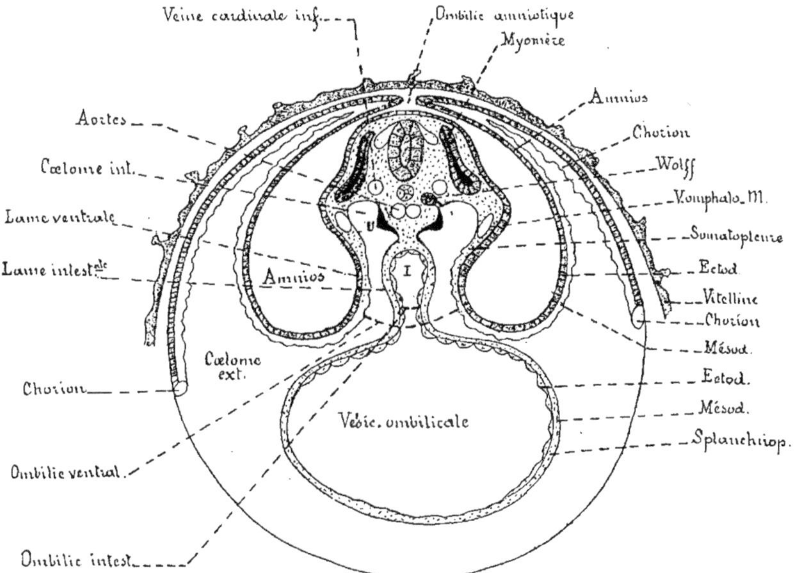

Fig. 49. — Formation de l'amnios et des lames ventrales. Clôture de l'intestin et de la paroi abdominale. I, intestin ; U, éminence génitale.

également soudées les unes aux autres. Il en résulte que l'embryon se trouve enveloppé désormais de deux membranes, dont l'une, interne, constitue l'*amnios*, et l'autre, externe, la séreuse de von Baer (fig. 45 à 48).

L'amnios est donc le résultat de la soudure des lames internes des replis amniotiques, comme la séreuse de Von Baer n'est que la conséquence de la soudure des lames externes des mêmes replis.

L'amnios forme autour de l'embryon un sac qui n'est d'abord séparé de l'embryon que par un espace très petit *(cavité amniotique)* et rempli d'un liquide *(liquide amniotique)*. Il se continue avec la paroi abdominale de l'embryon, au niveau de l'ombilic abdominal, qui laisse passer le pédicule vitellin au bout duquel on trouve le sac vitellin.

Si chez les Poissons, ce processus de plissement du blastoderme extra-embryonnaire ne se fait pas, d'où l'absence chez eux, d'amnios et de séreuse de Von Baer, c'est que chez les Poissons l'embryon ne descend pas dans le vitellus. Chez eux, la partie extra-embryonnaire de la lame somatique ne donne naissance qu'à la paroi somatique du sac vitellin.

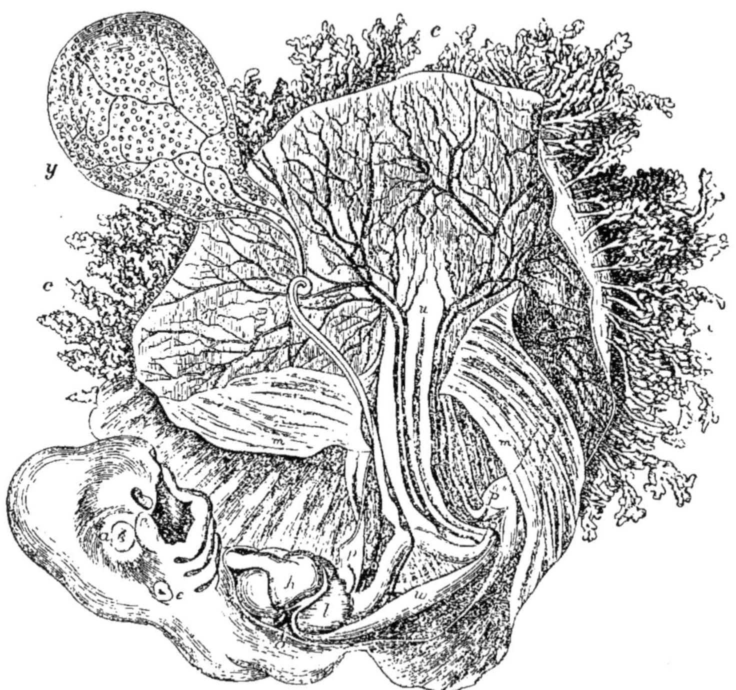

Fig. 50. — Embryon humain de 25 à 28 jours, grossi environ six fois (Coste). *a*, œil ; *e*, oreille ; *h*, cœur ; *o*, canal de Cuvier ; *l*, foie ; *w*, corps de Wolff ; *m, m,* amnios déchiré ; *c, c*, chorion villeux ; *u*, allantoïde ; *y*, vésicule ombilicale.

Dans l'espèce humaine, l'amnios se ferme d'avant en arrière et reste uni, à l'extrémité postérieure de l'embryon, au chorion blasto-dermique par l'intermédiaire d'un court pédicule : cette disposition est caractéristique de l'œuf humain. — Dans cette espèce (His) comme chez le lapin (Ven Beneden et Julin) l'amnios se forme exclusivement aux dépens du capuchon caudal.

5. PROAMNIOS

Le repli céphalique de l'amnios ne se forme qu'à une période reculée du développement. Au lieu d'être constitué dès le début, comme le repli caudal et les replis latéraux, par les trois feuillets du blastoderme, il ne comporte à ce moment que deux feuillets, l'externe et l'interne, parce qu'alors le feuillet moyen n'a pas encore pénétré dans la partie antérieure de l'aire embryonnaire. Ce repli céphalique didermique seulement, c'est le *proamnios*. Celui-ci fait place à l'amnios lorsque le feuillet moyen a pénétré entre l'ectoderme et l'entoderme dans le repli amniotique antérieur et qu'il s'y est divisé en somatopleure et en splanchnopleure. A ce moment, le repli céphalique de l'amnios se trouve constitué comme c'est le cas par tout le reste de l'amnios, par l'ectoderme et la somatopleure réunis.

6. PLACENTA ET CORDON OMBILICAL

Le *placenta* est, chez l'homme, un organe discoïde, d'aspect spongieux, très abondamment pourvu de vaisseaux sanguins, accroché à la paroi utérine et relié au fœtus par le *cordon ombilical.*

Lorsqu'il est complètement développé, il est large de 15 à 20 centimètres et épais de 3 à 4. Il pèse environ 500 gr. — Sa face libre, d'où s'échappe le cordon, est revêtue par l'amnios, ce qui la rend très lisse et glissante. Sa face opposée est rattachée à la paroi de l'utérus. Lorsque, au moment de la délivrance, le placenta se détache, cette face se présente avec des anfractuosités, divisée en plusieurs lobes (cotylédons) par des sillons profonds.

Dans la plupart des cas, le placenta est inséré au fond de la matrice. Dans des cas exceptionnels, il se rapproche de l'orifice interne du col. C'est à cette forme de placenta qu'on a donné le nom de *placenta prævia.*

Elle constitue un danger au moment de l'accouchement ou même pendant la grossesse, par suite du détachement prématuré du placenta qui donne alors lieu à d'abondantes hémorrhagies.

L'étude de la texture intime du placenta offre de grandes diffi-cultés. C'est la raison pour laquelle il reste encore certaines obscu-rités sur cette texture.

Nous avons déjà signalé que le placenta est formé de deux parties : l'une, fournie par l'embryon, l'autre par la mère. Il y a donc un *placenta fœtal* et un *placenta maternel.*

7. PLACENTA MATERNEL. — MEMBRANE CADUQUE

Au moment où l'œuf parvient dans l'utérus, la muqueuse utérine se soulève autour de lui et bientôt il est comme enchâtonné dans la muqueuse.

La partie de la muqueuse qui répond directement à l'œuf, s'appelle *caduque sérotine ;* celle qui enveloppe l'œuf, porte le nom de *caduque réfléchie* ; le reste, c'est la *caduque utérine.*

Les caduques se forment donc aux dépens de la muqueuse utérine, et c'est la caduque sérotine qui forme le placenta fœtal.

Une fois l'œuf enchâtonné dans la muqueuse utérine, celle-ci subit, en regard de l'œuf, une hypertrophie toute particulière (hypertrophie placentaire).

Au début, l'épithélium cilié de la muqueuse utérine perd ses cils ; plus tard, il s'aplatit. En même temps les glandes de la muqueuse s'élargissent, s'allongent et deviennent flexueuses. Les cellules interstitielles du chorion se multiplient, s'hypertrophient, deviennent granuleuses et se chargent d'éléments graisseux. On les appelle alors *cellules de la caduque, cellules déciduales.*

Au cinquième mois de la grossesse, dans l'espèce humaine, l'œuf remplit la cavité utérine, et les deux caduques, caduque vraie ou utérine et caduque réfléchie ou ovulaire, se sont accolées et soudées. A partir de ce moment, la caduque diminue d'épaisseur. Elle avait à un moment près d'un centimètre, elle s'est maintenant considérablement amincie.

Au niveau de la caduque sérotine, l'épithélium tombe et les conduits excréteurs des glandes disparaissent.

A ce moment, la caduque sérotine est représentée : 1° par une couche spongieuse profonde ; 2° par une couche superficielle, plus compacte. C'est cette dernière qui est le siège des modifications structurales qui l'amèneront à l'état de placenta maternel.

Le *placenta maternel* ou *utérin* se compose, comme la caduque vraie, d'une couche compacte (lame basale de Vinkler) qui se détache au moment de la délivrance (portion caduque) et d'une couche spongieuse, dans laquelle s'opère le décollement ; une partie de cette dernière couche reste, après la délivrance, appliquée sur la tunique musculaire de l'utérus (portion fixe) et sert à la régénération de la muqueuse.

La couche compacte (lame basale de Winkler) envoie, entre les villosités choriales du placenta fœtal, des cloisons de tissu conjonctif (septa placentaires) qui s'enfoncent dans les sillons périvilleux du placenta fœtal et isolent l'ensemble des arbustes choriaux en un certain nombre de touffes ou cotylédons.

Si l'on suppose les cotylédons enlevés du placenta maternel, celui-ci se présente comme divisé en un certain nombre de loges correspondant au nombre des cotylédons. Ces loges sont elles-mêmes subdivisées par des cloisons de tissu cellulaire qui partent de la lame basale et des septa placentaires.

Au centre du placenta, les septa n'atteignent pas la membrane choriale, mais au pourtour de l'organe, ils la rejoignent et s'unissent à une membrane de tissu conjonctif qui double la membrane choriale. Cette membrane, c'est la *lame obturante* (Vinckler), *l'anneau obturant sous-chorial* (Waldeyer).

Cette charpente conjonctive renferme des cellules spéciales, appelées *cellules géantes*, qui paraissent être une forme des cellules déciduales.

Entre la membrane choriale avec ses villosités (placenta fœtal) d'une part, et d'autre part, la lame basale avec ses septa, il existe des espaces, *espaces intervilleux* ou *intraplacentaires*, qui constituent un système de lacunes dont l'ensemble porte le nom de *lac sanguin* du placenta.

C'est dans ces espaces que viennent se déverser les artères et les veines utérines, sans l'interposition de capillaires. Ces espaces sanguins sont donc très vraisemblablement les capillaires utérins énormément dilatés, et, de fait, Waldeyer et Keibel ont affirmé qu'ils étaient limités par un épithélium pavimenteux qui n'est vraisemblablement que l'endothélium des capillaires utérins. Toutefois cet épithélium tomberait par la suite. On ne peut donc plus accepter l'opinion de Kölliker et Langhans qui considéraient les lacs sanguins maternels comme représentant la portion de la cavité utérine primitivement comprise entre l'œuf et la sérotine.

Il résulte de la disposition que nous venons d'exposer, que les espaces intervilleux ou lacs sanguins utérins remplis par le sang de la mère, représentent un système de larges excavations irrégulières communiquant toutes entre elles (tissu spongieux ou caverneux), dans lesquels plongent directement les houppes choriales du placenta fœtal. La circulation est très ralentie dans ces espaces, condition physiologique excellente pour que se fasse bien l'absorption par les houppes choriales. A la périphérie, le sang est recueilli par une sorte de sinus sanguin marginal, auquel on a donné le nom de *sinus coronaire* ou *plexus veineux annulaire*.

Le bord du placenta maternel se continue avec la caduque vraie et avec la caduque réfléchie. Au moment de la délivrance, les caduques se détachent de la paroi utérine et elles forment avec les enveloppes fœtales et le placenta, l'arrière-faix.

8. PLACENTA FŒTAL. — VILLOSITÉS ALLANTOCHORIALES

Le placenta fœtal comprend trois périodes de développement : dans la première il y a formation de ce que l'on a appelé l'*ectoplacenta*, végétation dérivée de l'ectoderme ovulaire et qui finit par constituer une véritable couche plasmodiale ; dans la deuxième période, il y a pénétration de l'ectoplacenta dans la caduque sérotine et substitution de son plasmode aux éléments conjonctifs de la muqueuse utérine ; enfin, il y a vascularisation de l'ecto-placenta (villosités allanto-choriales).

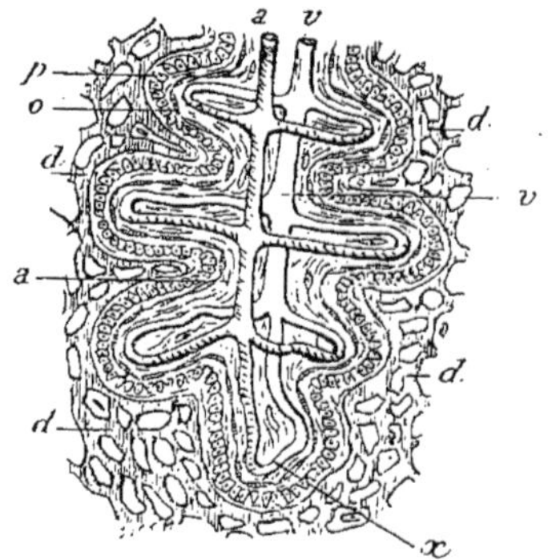

Fig. 51. — Schème de la structure du placenta. *a*, artère, et *v*, veine du placenta fœtal (villosité allantochoriale); *d*, *d*, placenta maternel (lacs sangui-maternels); *o*, épithélium du chorion villeux ; *p*, épithélium de la muqueuse utérine.

Le *placenta fœtal* est constitué par la partie du chorion couverte de villosités rameuses, et connue sous le nom de chorion touffu (*chorion frondosum*), par opposition au reste du chorion qui demeure lisse (*chorion læve*).

Les villosités, réunies en touffes ou cotylédons, partent de la membrane choriale et sont constituées par un axe de tissu conjonctif recouvert d'épithélium dans lequel s'enfoncent des ramifications des artères et des veines ombilicales. Ces villosités s'engagent et plongent dans les lacs ; les unes s'y terminent librement (villosités libres), d'autres vont se souder au tissu du placenta maternel (villosités fixées). C'est ce qui fait qu'on ne peut séparer le placenta maternel du placenta fœtal sans produire des déchirures.

A la périphérie les artères se continuent avec les veines des villosités par l'intermédiaire de vaisseaux capillaires. Il en résulte que le système vasculaire du placenta fœtal est complètement clos. Il ne peut donc s'établir de mélange direct entre le sang du

fœtus et celui de la mère ; mais la minceur et la largeur des
capillaires sont des conditions excellentes pour permettre les
échanges des éléments liquides et gazeux entre les deux sangs.

Le chorion amniogène vascularisé par les vaisseaux de l'allantoïde (allanto-chorion) se compose, aussitôt sa fusion avec l'allan-

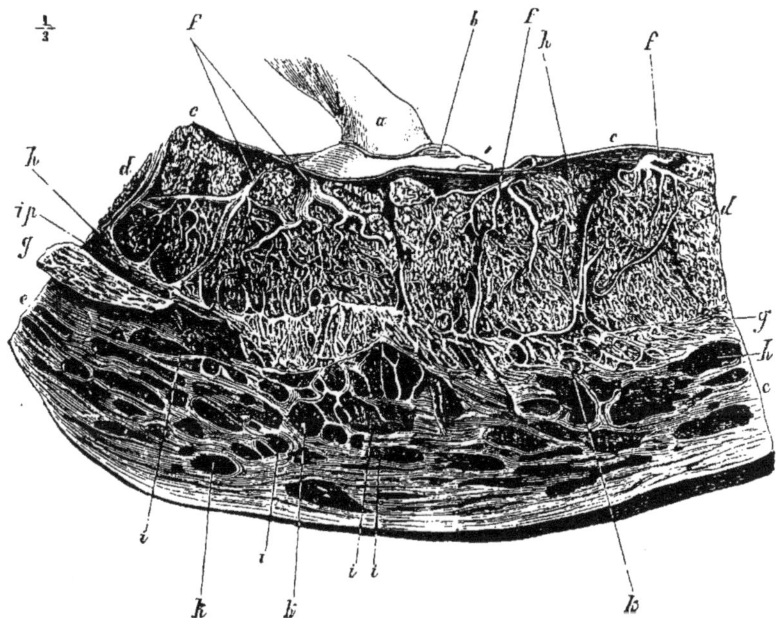

Fig. 52. — Coupe de l'utérus et du placenta humain à la 13ᵉ semaine de la gestation
(Ecker). *a*, cordon ombilical ; *b*, annios ; *c*, chorion ; *dd*, placenta fœtal ; *ee*, paroi
utérine ; *ff*, ramifications arborescentes du placenta ; *gg*, caduque utérine ;
hh, prolongement de la caduque pénétrant dans le placenta fœtal ; *ii*, artères
hélicines de l'utérus ; *ip*, rameau pénétrant dans le placenta ; *kk*, sinus veineux
de la matrice.

toïde, de deux couches, l'une profonde, vasculaire, résultant
de l'union de la portion extra-embryonnaire de la lame mus-
culo-cutanée avec la paroi de l'allantoïde, l'autre superficielle,
de nature épithéliale. Celle-ci est composée d'une assise de cellules
profondes reposant sur le tissu chorial (couche épithéliale de
Langhans), et d'une assise superficielle où les cellules sont réunies
en une masse homogène parsemée de noyaux (couche plasmodiale,
syncytium). — Cette structure explique la nature du recouvrement

des villosités. Seulement, tandis que les uns admettent que la couche épithéliale de revêtement et la couche plasmodiale des villosités sont toutes les deux d'origine choriale ou fœtale, d'autres croient que la couche plasmodiale provient de la caduque, c'est-à-dire de la muqueuse utérine.

En résumé, on peut dire que le placenta est formé de deux portions : une fœtale, c'est la partie du chorion qui s'est développée en touffes de villosités vasculaires ; une maternelle ou utérine, c'est la partie de la muqueuse utérine qui a proliféré et qui présente des fossettes destinées à loger les villosités du placenta fœtal.

Le placenta maternel et le placenta fœtal peuvent s'unir d'une façon si intime, qu'au moment de la mise-bas, une partie de la muqueuse utérine à laquelle on donne le nom de caduque, est rejetée en même temps que les enveloppes fœtales, et dans son ensemble, le placenta est essentiellement constitué, chez les déciduates, par un envahissement de la muqueuse utérine par le tissu chorial (ectoplacenta) qui semble jouir de la propriété d'éroder le tissu maternel à son contact.

Si le placenta est *zonaire* chez les carnassiers, c'est parce que le chorion développe des villosités et ne contracte d'adhérence avec l'utérus, que selon une bande en ceinture qui laisse libres les pôles de l'œuf, et par ce fait que l'allantoïde n'apporte de vaisseaux que dans la région villeuse du chorion.

Les auteurs classiques admettent que le placenta des rongeurs et des carnassiers est formé par la pénétration réciproque des villosités choriales (fœtales) et des villosités utérines (maternelles), ces dernières étant constituées par la muqueuse utérine hypertrophiée et continuant à être revêtue de son épithélium, les premières étant constituées par l'ecto-placenta (villosités choriales prenant bientôt la forme d'un plasmode ectodermique). Mathias Duval démontra, au contraire, que les soi-disant villosités maternelles sont d'origine fœtale. Après la disparition de l'épithélium utérin, l'ectoderme du chorion fœtal s'applique sur le tissu utérin dénudé, prolifère et pousse des sortes de bourgeons (plasmode) qui, se substituant aux éléments conjonctifs de la muqueuse utérine, englobent les parois des vaisseaux maternels. En un mot, le plasmode ectoplacentaire est tout entier d'origine fœtal, sauf les parois des capillaires utérins : c'est là l'*angio-plasmode*. Plus tard, l'angio-plasmode est remanié par l'arrivée du mésoderme fœtal et des vaisseaux allantoïdiens.

Si nous jetons un coup d'œil sur l'organisation du placenta chez les divers types de mammifères, nous dirons avec Mathias Duval :

Chez les pachydermes (porc, cheval) et les ruminants (bœuf, mouton), il se forme des villosités choriales, qui pénètrent les intervalles de sallies analogues développées sur la muqueuse utérine et recouvertes pendant toute la gestation par l'épithélium utérin. Les échanges nutritifs se font donc à travers : 1° l'endothélium des vaisseaux maternels des villosités utérines ; 2° le tissu conjonctif de ces villosités ; 3° l'épithélium utérin ; 4° l'ectoderme de la villosité fœtale ; 5° le tissu mésodermique et l'endothélium vasculaire de cette villosité.

Chez les carnivores et les rongeurs, au contraire, l'épithélium utérin disparaît partout où l'ectoderme fœtal vient s'appliquer à la surface de l'utérus. Cet ectoderme fœtal prolifère et développe une épaisse couche plasmodiale, qui reçoit et enveloppe les capillaires utérins ; c'est lui qui fixe l'œuf en englobant les vaisseaux maternels. Plus tard, les vaisseaux fœtaux pénètrent également dans le plasmode.

Chez les carnivores, les vaisseaux maternels conservent pendant toute la gestation leur paroi propre, de sorte que leur placenta ou *angioplasmode* résulte de l'enchevêtrement de capillaires maternels et du réseau plasmodial ectodermique fœtal. Le sang maternel n'est donc séparé chez eux que par : 1° la paroi endothéliale des capillaires maternels ; 2° les cellules ectodermiques du plasmode ; 3° la paroi endothéliale des vaisseaux fœtaux entourés d'un peu de tissu conjonctif.

Chez les rongeurs, les rapports deviennent encore plus intimes, parce que la paroi des vaisseaux maternels disparaît elle-même partout où elle est circonscrite par les cellules ectodermiques du plasmode. Ici, le sang circule dans des canaux constitués par le tissu fœtal lui-même (lacunes sangui-maternelles).

Toutes ces modifications qui vont du *placenta diffus* (porc, cheval, etc.), au *placenta cotylédoné* (bœuf, mouton, etc.), puis au *placenta zonaire* des carnivores et au *placenta discoïde* des rongeurs, ont pour origine une adaptation plus exacte entre les vaisseaux utérins ou maternels et les vaisseaux fœtaux. Si dans les placentas zonaire et discoïde, il y a une véritable *caduque* (portion de la muqueuse utérine expulsée avec l'œuf), tandis que dans les placentas diffus et cotylédoné, il n'y a pas de caduque, c'est que dans le premier cas il y a des relations beaucoup plus intimes entre les tissus maternels et le chorion que dans le cas de placenta diffus et cotylédoné. Ici, lors de la parturition, il y a *séparation* des parties fœtales et maternelles ; là, il y a chute d'une portion de la muqueuse utérine (membrane caduque) lors de l'expulsion de l'œuf.

Si on s'en réfère à ce qui a lieu chez les animaux, on peut donner le schéma suivant de l'origine et de la constitution *probable* du placenta humain.

Une fois que l'œuf s'est logé dans un des plis de la muqueuse utérine hypertrophiée, les villosités du chorion fœtal s'appliquent à la surface de l'épithélium utérin ; au contact cet épithélium dégénère et disparaît. L'ectoderme des villosités du chorion, qui tapisse les villosités choriales, développe de nombreuses assises cellulaires, qui pénètrent dans le tissu conjonctif proliféré (couche spongieuse) de la muqueuse utérine et entourent les vaisseaux maternels. Ceux-ci se dilatent en sinus sanguins dont les cellules endothéliales sont conservées comme chez les carnivores ou disparaissent dans la suite, par résorption, comme chez les rongeurs. En un mot, le placenta humain est essentiellement un organe d'origine fœtale, qui a végété au-devant des vaisseaux maternels et les a englobés dans sa masse. La façon dont se détache le placenta humain confirme cette interprétation. La ligne de séparation passe en effet par la couche spongieuse, comme chez les carnivores et les rongeurs. Toute la portion de sérotine pénétrée par l'ectoplacenta s'en va donc. Mais la couche profonde persiste. Or, dans celle-ci se retrouve à l'état persistant le fond des glandes utérines. C'est par l'intermédiaire de l'épithélium de ces fonds de glande, que se fait la restauration de la muqueuse utérine.

Enfin, l'*embryon à placenta* dérive de l'embryon *à sac vitellin* par réduction du vitellus (échelle : Monotrèmes (pas de placenta et volumineuse vésicule vitelline), Marsupiaux (ébauche d'un placenta et réduction de la vésicule vitelline), Mammifères placentaliens (placenta et vésicule vitelline atrophiée). Chez quelques Sélaciens (*Mustelus* et *Carcharias*) la vésicule est d'autant plus petite que les relations alimentaires établies entre la mère et le fœtus sont plus développées. Il en résulte qu'on peut considérer la placentation des Mammifères comme dérivée d'une ovoviviparité ancienne.

9. CORDON OMBILICAL

L'embryon est rattaché au placenta par un cordon lisse et glissant, le *cordon ombilical*. Ce cordon, sur le fœtus à terme, est à peu près gros comme le petit doigt et long de 50 à 60 centimètres. Presque toujours il présente une torsion spirale qui s'enroule généralement de gauche à droite.

Le plus ordinairement il s'implante sur le centre du placenta (*insertion centrale*) ; d'autres fois il s'attache sur le bord (*insertion marginale*), ou même, en dehors, sur le chorion, d'où il envoie ses vaisseaux au placenta.

La longueur du cordon ombilical, qui est presque caractéristique du cordon humain, est la conséquence de l'extension considérable du sac amniotique dans l'espèce humaine. Ce sac envahit presque toute la cavité choriale. Il en résulte que tous les organes qui passent par l'ombilic abdominal pour se rendre au chorion, c'est-à-dire le sac vitellin avec les vaisseaux omphalo-mésentériques, le canal allantoïdien avec les vaisseaux ombilicaux, se trouvent enveloppés par l'amnios et, finalement, réunis en un cordon.

Le cordon ombilical est essentiellement constitué par une gangue de tissu muqueux, la *gelée de Wharton*, recouverte par l'amnios, *gaîne amniotique*, et englobant les *vaisseaux ombilicaux*, ainsi que les vestiges du *canal omphalo-mésentérique* et du *canal allantoïdien*.

L'amnios est intimement fusionné à la gelée de Wharton, excepté au voisinage de l'ombilic, où il reste isolable. Les vaisseaux ombilicaux sont au nombre de trois, *deux artères ombilicales*, qui amènent le sang de l'embryon au placenta, et une *veine ombilicale*, qui ramène à l'embryon le sang qui a passé par la circulation placentaire.

Le canal vitellin et le canal allantoïdien disparaissent après les premiers mois de la grossesse. Il en est de même des vaisseaux omphalo-mésentériques. D'où dans la seconde moitié de la gestation le cordon n'est plus formé que des vaisseaux ombilicaux plongés dans la gélatine de Wharton recouverte de sa gaîne amniotique.

10. VÉSICULE OMBILICALE

La vésicule ombilicale ou sac vitellin, présente, dans l'espèce humaine, un développement inverse de celui de l'amnios. Au fur et à mesure que celui-ci s'étend, la vésicule ombilicale régresse.

Dans les œufs humains de 2 à 3 semaines, elle n'est pas encore séparée de l'intestin moyen, lequel se présente encore sous la forme d'une gouttière. Un peu plus tard, elle constitue une vésicule piriforme, rattachée par un court canal, *canal vitellin* ou *omphalo - mésentérique*, à l'intestin. Dans sa paroi rampent les vaisseaux omphalo-mésentériques.

Chez l'embryon de six semaines, le canal omphalo-mésentérique s'est transformé en un long tube étroit et, à partir de ce moment, il commence à s'obli-

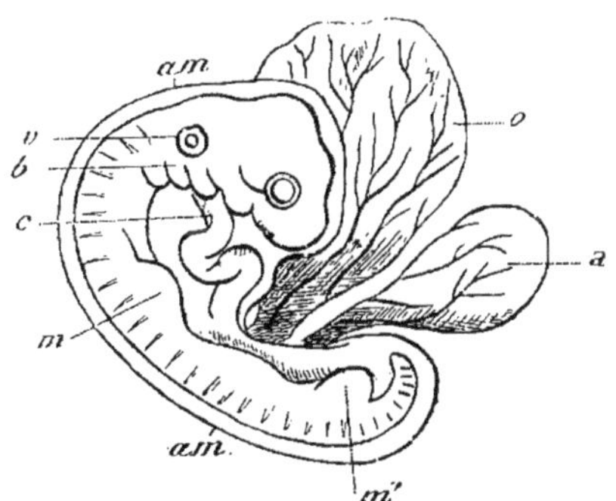

Fig. 53. — Embryon humain de 4 semaines. *a*, allantoïde ; *o*, vésicule ombilicale ; *am*, amnios ; *c*, tube cardiaque incurvé en S ; *b*, arcs branchiaux ; *v*, vésicule auditive ; *m*, *m'*, bourgeons des membres.

térer. Les vaisseaux omphalo-mésentériques persistent un peu plus longtemps.

Refoulée contre la surface de la vésicule blastodermique par le développement de l'amnios, la vésicule ombilicale vient se loger entre l'amnios et le chorion, près du bord du placenta, où on la retrouve jusqu'au moment de la délivrance. Elle a alors le volume d'un gros pois.

Chez les rongeurs, par exception (voy. p. 50), elle enveloppe l'embryon, et persiste jusqu'à la fin de la gestation avec ses vaisseaux.

Les parois de cette vésicule sont constituées par la portion extra-embryonnaire de la splanchnopleure. Son feuillet fibro-vasculaire et son épithélium se continuent donc avec les feuillets similaires de l'intestin.

Une fois environ, sur 80 à 100 sujets, la dernière portion de l'iléon chez l'adulte porte un diverticule relié à l'ombilic ou perdu dans le ventre. Ce diverticule que l'on a appelé appendice de Meckel, a été considéré comme le vestige du canal omphalo-mésentérique.

Sauf chez les Monotrèmes, chez lesquels l'œuf est méroblastique, la vésicule ombilicale ne renferme jamais dans le groupe des Mammifères qu'un peu de liquide albumineux et de substances grasses.

Le fait qu'il se développe encore chez les Mammifères une vésicule ombilicale, quelque restreinte qu'elle soit d'ailleurs, ainsi qu'une circulation vitelline, prouve que ces animaux dérivent d'ancêtres qui ont dû jadis posséder, comme les Sauropsides, de gros œufs riches en vitellus et être ovipares comme les Monotrèmes actuels. Le séjour prolongé des œufs de Mammifères dans l'utérus, amena ces œufs à trouver dans l'organisme maternel une source nutritive abondante. La vésicule ombilicale et sa circulation devinrent alors superflues et s'atrophièrent.

11. VÉSICULE ALLANTOÏDE

L'allantoïde est une vésicule qui dérive de l'évagination de la paroi ventrale de l'aditus posterior. Elle est donc constituée par l'endoderme secondaire unie en dehors à la lame fibro-intestinale.

Cette vésicule s'étend et gagne le cœlome extra-embryonnaire (cavité inter-amnio-choriale). Ensuite son extrémité s'élargit, tandis que sa portion initiale se rétrécit et se transforme en un long pédicule que l'on connaît sous le nom d'*ouraque*.

Ultérieurement elle s'étale à la face interne du chorion et fournit à celui-ci les éléments vasculaires de ses villosités (allantochorion). L'allantoïde est, en effet, recouverte des branches et des rameaux des vaisseaux ombilicaux.

Cet organe est destiné à remplir deux fonctions à la fois : il sert de réservoir aux liquides fournis par les corps de Wolff (mésonéphros) et les reins pendant la vie fœtale, et constitue en second lieu le principal organe respiratoire de l'embryon.

Chez les Reptiles et les Oiseaux, l'allantoïde s'étale à la surface de l'œuf et son réseau vasculaire où le sang circule abondamment vient puiser à la surface (dans la chambre à air de l'œuf surtout) de l'oxygène et dégage de l'acide carbonique, tout en absorbant, d'autre part, de l'albumen.

Chez les Mammifères, elle s'unit au chorion villeux, nous l'avons vu, et au niveau de la caduque sérotine elle donne la partie vasculaire du placenta fœtal.

Dans l'espèce humaine, il n'y a pas d'allantoïde libre et vésiculeuse. De l'intestin postérieur part un diverticule qui accompagne les artères ombilicales et diverticule et artères abandonnent le corps de l'embryon et vont se jeter dans le chorion.

Elle acquiert tout son développement chez les Carnivores, les Solipèdes et les Ruminants, à tel point que chez ces derniers l'embryon est finalement englobé dans son allantoïde.

12. CORPS RÉTICULÉ. — TISSU INTERANNEXIEL

L'espace compris entre le chorion et l'amnios, autrement dit le cœlome externe, dans lequel pousse l'allantoïde, est, au début, rempli d'un liquide albumineux qui augmente peu à peu de consistance et se transforme progressivement en une sorte de tissu muqueux. Ce tissu interposé aux annexes fœtales c'est le *corps réticulé*, le *magma réticulé*, le *corps vitriforme* de Velpeau, le *tissu interannexiel* de Dastre, qui se condense à mesure que s'avance la gestation et diminue d'épaisseur et constitue enfin la *memorane intermédiaire* de Bischoff, située entre le chorion et l'amnios.

13. LA DÉLIVRANCE. — L'ARRIÈRE-FAIX

A la fin de la grossesse, au moment où commencent les douleurs de l'accouchement, les enveloppes fœtales forment, autour du fœtus, une poche pleine de liquide amniotique. Cette poche se déchire lorsque les contractions musculaires de la matrice ont atteint une certaine énergie. A ce moment le liquide amniotique, les « eaux », s'écoulent par le vagin.

Les contractions devenant de plus en plus fortes, le fœtus passe à travers la déchirure des enveloppes fœtales et est expulsé (*accouchement*). Il n'y a plus qu'à couper le cordon ombilical pour isoler désormais le fœtus de sa mère.

Un peu plus tard, les enveloppes fœtales et le placenta sont expulsés à leur tour (*délivrance*). Ces organes constituent *l'arrière-faix* qui comprend : 1° l'amnios ; 2° le chorion ; 3° la caduque ; 4° le placenta (maternel et fœtal).

Le décollement des caduques se fait dans la couche spongieuse de Langhans. A la suite, la face interne de la matrice forme une sorte de vaste écorchure. Il s'ensuit qu'au moment de la délivrance, il se fait un écoulement de sang plus ou moins abondant (ruptures vasculaires) et pendant quelque temps après l'accouchement un écoulement sanieux (*lochies*).

La couche la plus profonde de la muqueuse restée en place est le centre de la régénération de la muqueuse utérine. Cette couche, qui renferme les restes des glandes utérines, prolifère activement et régénère une muqueuse normale. Il faut environ deux mois pour que cette régénération soit achevée.

XVII

ANAMNIENS ET AMNIENS

DÉCIDUATES ET INDÉCIDUATES

En se basant sur la disposition des enveloppes de l'œuf, on peut classer les Vertébrés de la façon suivante :

1. — **Anamniens**
(ANALLANTOÏDIENS. VERTÉBRÉS BRANCHIÉS)

Dépourvus d'amnios et d'allantoïde : Amphioxus, Cyclostomes, Poissons, Amphibiens.

II. — Amniens

(ALLANTOÏDIENS. VERTÉBRÉS PULMONÉS)

Pourvus d'un sac vitellin, d'une séreuse de Von Baer, d'une allantoïde, divisés en :

a) Sauropsidés (animaux qui pondent des œufs : Reptiles et Oiseaux).

b) Mammifères (animaux dont les œufs se développent dans l'utérus, à part les Monotrèmes).

Parmi les Amniens, il y a les *Achoria* chez lesquels la séreuse de von Baer ne fournit que peu ou pas de villosités chorio-allantoïdiennes (Marsupiaux), et les *Choriata* chez lesquels la séreuse de von Baer se transforme en chorion villeux.

Le même groupe a des espèces sans caduque, *Mammifères adéciduates*, chez lesquels les villosités du placenta sont assez faiblement adhérentes à la muqueuse utérine pour que, au moment de la délivrance, cette dernière ne tombe pas (Porcins, Jumentés, Ruminants), et d'autres espèces avec caduque, *Mammifères déciduates*, chez lesquels l'adhérence entre l'œuf et la muqueuse utérine est si intime qu'au moment du délivre une partie de cette muqueuse (caduque) est entraînée au dehors.

La disposition du placenta varie chez les Choriata selon que toute la surface du chorion se recouvre de villosités allanto-choriales ou que celles-ci se localisent en un champ spécial.

Mammifères

Adéciduates
- Placenta diffus : villosités courtes et simples, disposées sur tout le chorion (Périssodactyles, Porcins, Hippopotames, Lémuriens, Cétacés).
- Placenta cotylédonnaire : touffes de villosités (cotylédons) sur certains points seulement du chorion (Ruminants).

Déciduates
- Placenta zonaire : villosités concentrées sur la zone équatoriale du chorion (Carnivores, Proboscidiens).
- Placenta discoïdal : villosités concentrées sur un disque (Hommes, Singes, Cheiroptères, Insectivores, Rongeurs).

XVIII

DÉVELOPPEMENT DE L'EMBRYON

Nous étudierons successivement le développement des formes extérieures de l'embryon et le développement des organes.

DÉVELOPPEMENT DES FORMES EXTÉRIEURES

Trois parties essentielles, au point de vue des formes extérieures, constituent l'embryon, comme l'animal adulte du reste : ce sont la tête et le cou, le tronc et les membres et l'extrémité caudale.

A

Développement de la tête et du cou

Crâne — Face — Bouche — Fentes branchiales, — Arcs branchiaux.

ORGANES SENSORIELS

Capuchon céphalique — Aditus anterior
Membrane pharyngienne

En s'enfonçant dans la cavité blastodermique, l'embryon détermine un repli superficiel de tout le blastoderme que nous avons appelé le *faux amnios*.

Peu après, la portion pré-embryonnaire du blastoderme se soulève et coiffe l'extrémité céphalique de l'embryon : c'est le *capuchon céphalique de l'amnios*. Une fois ce phénomène produit, l'extrémité céphalique de l'embryon se coude et s'incurve en avant de façon à constituer un cul-de-sac tapissé par l'entoderme, et se continuant en bas avec la gouttière intestinale. C'est le *cul-de-sac céphalique de l'intestin, l'aditus anterior*.

Dans son fond, ce cul-de-sac est représenté par une membrane didermique, l'ectoderme et l'entoderme accolés ; sa paroi antérieure est formée au contraire par la splanchnopleure qui rejoint plus bas la somatopleure au niveau du sillon amniotique.

A ce stade la tête est représentée, en haut, par un gros bourrelet ; le *bourrelet frontal,* dans lequel s'avance le névraxe cérébral, et en bas, par une fosse, la *fosse buccale,* limitée par quatre bourrelets pairs, deux supérieurs, les bourgeons maxillaires supérieurs et deux inférieurs, les bourgeons maxillaires inférieurs.

Dans le capuchon céphalique s'avance le cul-de-sac céphalique de l'intestin qui vient se mettre en regard de la fosse buccale. A ce niveau et à ce moment, le mésoderme fait défaut. L'ectoderme et l'entoderme s'accolent l'un à l'autre et constituent une membrane séparant l'intestin céphalique de la fosse buccale. Cette membrane, c'est la *membrane pré-pharyngienne.*

Repli cardiaque. — Cavité cervicale ou pleuro-péricardique. — Cœur. — Mésocardes. — Coiffe cardiaque. — Paroi thoracique.

De la fosse buccale descend la somatopleure comme du cul-de-sac céphalique de l'intestin descend la splanchnopleure. La paroi constituée par ces feuillets, c'est le *repli cardiaque.*

Entre les deux, il y a un prolongement du cœlome. Ce prolongement cervical du cœlome c'est la *cavité cervicale,* la *cavité pleuro-péricardique.* D'abord étroite, cette cavité s'accroît avec le développement du cœur.

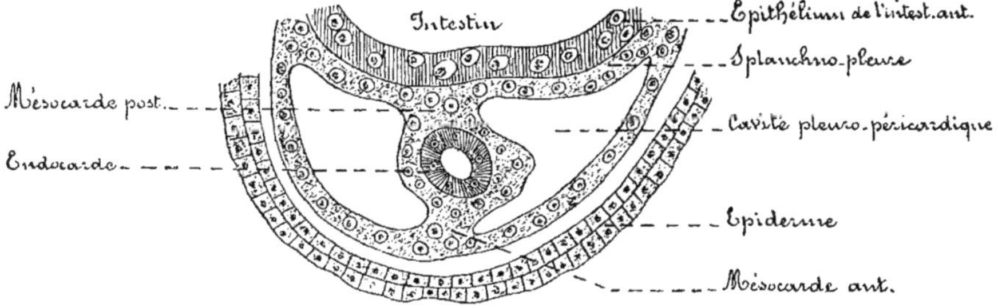

Fig. 54. — Coupe transversale dans la région du cœur chez un embryon de Grenouille pour montrer le développement de la partie cervicale du cœlome.

C'est, en effet, dans l'épaisseur de la paroi ventrale de l'intestin céphalique que se forme l'ébauche du *cœur,* sous la forme d'un tube, rectiligne au début, incurvé plus tard et, se continuant par son extrémité inférieure avec les veines omphalo-mésentériques, par son extrémité supérieure avec les deux arcs aortiques.

Si chez certains animaux l'ébauche cardiaque est double d'abord, c'est qu'elle apparaît dans les bords de l'arc à concavité inférieure que forme l'aditus anterior. Lorsque les bords de cet arc se sont rapprochés et soudés sur la ligne médiane, les deux tubes cardiaques du début, soudés aussi, n'en forment plus qu'un seul.

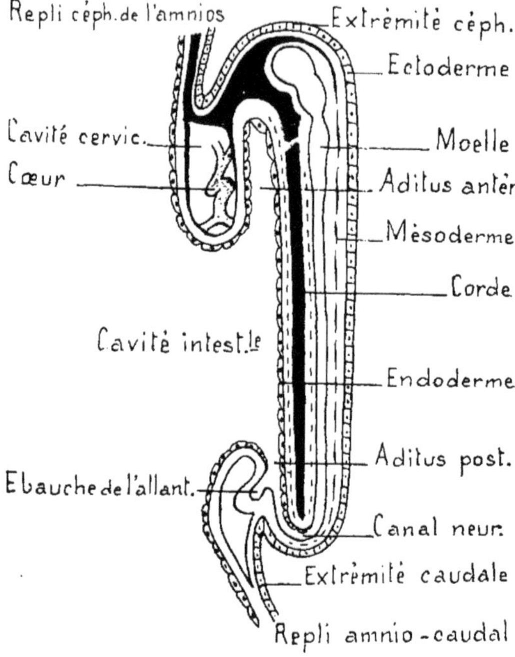

Fig. 55. — Diagramme d'une coupe sagittale de l'embryon.

A ce moment le cœur, qui proéminera de plus en plus dans la cavité cervicale en se détachant progressivement de la paroi de l'intestin céphalique, se trouve compris dans une cloison verticale de mésoderme tendue entre l'intestin céphalique et la paroi antérieure de la cavité cervicale (fig. 54 et 55). En d'autres termes, le cœur est rattaché à la paroi, en avant et en arrière, par un méso. — Le méso antérieur, *mésocarde antérieur*, disparaît de bonne heure, tandis que le méso postérieur, *mésocarde postérieur*, persiste dans toute son étendue, représentant dans la suite le pédicule cardiaque, qui renferme les gros vaisseaux débouchant dans le cœur (médiastin postérieur).

Au début la cavité cervicale n'est séparée de la cavité vitelline que par l'intermédiaire de la splanchnopleure, si bien que le cœur, recouvert d'un voile léger, *coiffe cardiaque*, semble faire saillie dans le sac vitellin, où on le voit battre dès le 3e jour sur l'embryon de poulet.

Au-dessus de cette coiffe, poussent les lames ventrales, dans lesquelles les protovertèbres envoient des lames musculaires, et c'est de la sorte que se forme la paroi thoracique.

FOSSE BUCCO-NASALE

DISPARITION DE LA MEMBRANE PHARYNGIENNE. — BOUCHE

FENTES BRANCHIALES. — ARCS BRANCHIAUX

Pendant que s'étaient accomplies les modifications précédentes, la gouttière médullaire s'était transformée en tube, son extrémité antérieure s'était épanouie en cerveau primitif dont la partie la

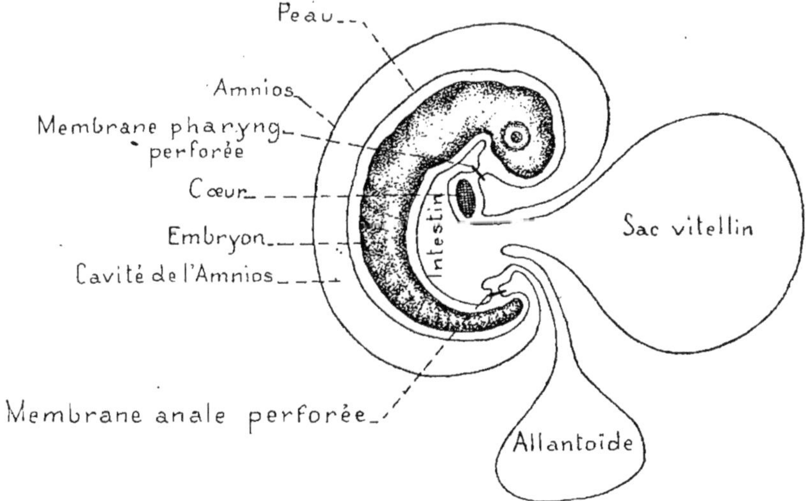

Fig. 56. — L'embryon et ses annexes. Formation de la bouche (la membrane pharyngienne se perfore) et de l'anus (la membrane anale se creuse et disparaît).

plus avancée, la vésicule des hémisphères s'était allongée et incurvée en avant, surplombant la membrane pharyngienne.

Ainsi constituée l'extrémité céphalique s'allonge, s'incurve en avant et surplombe la membrane pharyngienne sous la forme

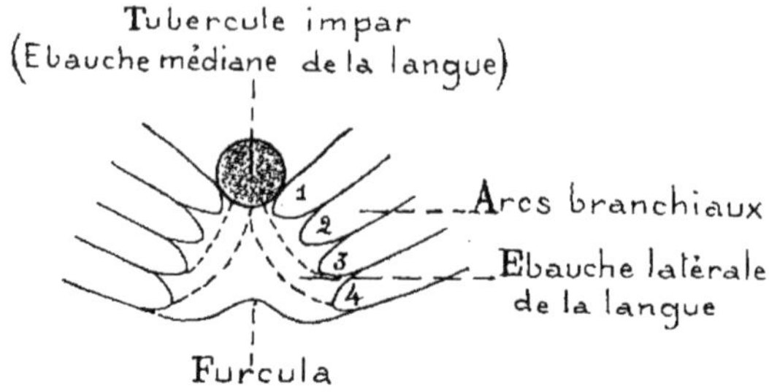

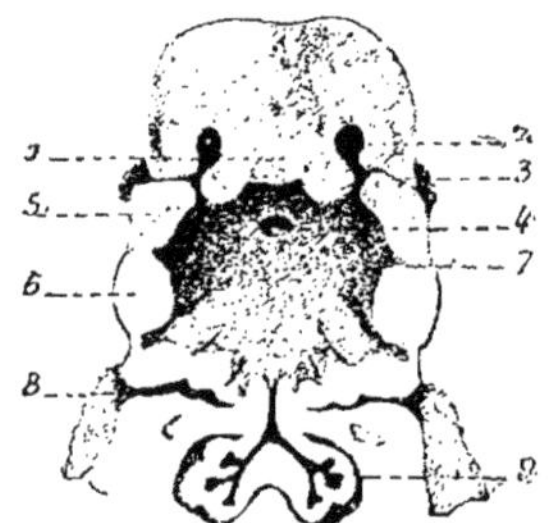

Fig. 57. — Le tubercule impar et la furcula.

d'une large saillie arrondie. C'est là le bourgeon frontal. Au-dessous de celui-ci, l'ectoderme s'enfonce dans une cavité, limitée latéralement et en bas par les bourgeons maxillaires. Cette cavité, c'est la *fosse buccale*.

Au fond de cette fosse, l'ectoderme vient s'accoler à l'extrémité borgne de l'*aditus anterior*. De cet accolement résulte la membrane pharyngienne. Celle-ci se résorbe et désormais la bouche est en communication avec l'intestin.

Pendant quelque temps, le pourtour de cette membrane persiste ; c'est ce que l'on a appelé *le voile du palais primitif*. En avant et en arrière du bord supérieur de celui-ci, on voit un petit cul-de-sac. Le cul-de-sac antérieur tapissé par l'ectoderme, c'est l'ébauche de l'*invagination hypophysaire* ou *poche de Rathke;* le cul-de-sac postérieur, c'est la *poche de Seessel.*

Fig. 58. — Reconstruction de la tête et de la région branchiale d'un embryon humain de 11,5 mill. (His). Gr. 7/1. 1, bourgeon frontal ; 2, fossette olfactive ; 3, gouttière lacrymonasale ; 4, orifice de la poche hypophysaire ; 5, 6, bourgeons maxillaire supérieur et inférieur du premier arc branchial ; 7, fosse buccale ; 8, sinus précervical ; 9, ébauche des poumons.

Le voile du palais primitif disparaît dans la suite, et dès lors, aucune démarcation ne sépare la cavité bucco-nasale de la cavité pharyngienne.

La corde dorsale, incurvée en avant, contourne la poche de Seessel pour venir s'unir au fond de la poche de Rathke.

En même temps, l'extrémité céphalique s'est infléchie et recourbée vers la face ventrale de l'embryon. Cette courbure, qui se fait au-dessus de l'intestin antérieur, est l'origine de l'invagination buccale. Elle donne lieu aussi à une double saillie de la face dorsale de la tête, une antérieure, appelée *éminence du vertex, éminence apicale*, qui répond à la vésicule cérébrale moyenne, l'autre postérieure dite *éminence nuchale*.

Enfin, pendant que se forment ces inflexions de la tête, on voit paraître successivement, de chaque côté dans la région cervicale, une série de fentes qui mettent l'intestin antérieur en communication avec l'extérieur. Ces fentes, ce sont les *fentes branchiales* ou *fentes pharyngiennes*.

Elles résultent de la perforation d'une membrane d'occlusion formée par l'adossement de l'ectoderme à l'endoderme (sillons ectodermiques en dehors, sillons entodermiques en dedans).

Ces fentes sont au nombre de cinq à six paires, chez les Vertébrés inférieurs ; au nombre de quatre paires chez les oiseaux et les mammifères y compris l'homme. Nous verrons dans un instant leur destination.

Les sillons branchiaux, les fentes branchiales, lorsqu'elles se sont formées, sont séparés par des ponts, constitués par un axe de mésoderme, tapissé par l'ectoderme en dehors et par l'entoderme en dedans ; ce sont là les *arcs branchiaux, arcs pharyngiens, arcs viscéraux*.

Le premier, situé au-dessus de la première fente, c'est l'*arc maxillaire*, le deuxième, l'*arc hyoïdien*. Dans chacun d'eux passe un vaisseau sanguin, l'un des *arcs aortiques*.

Avant la soudure sur la ligne médiane des extrémités antérieures des arcs branchiaux, il existe sous la bouche, sur la paroi ventrale du pharynx, un espace triangulaire à base inférieure et dont le sommet est occupé par une éminence arrondie. L'espace triangulaire, c'est le *champ mésobranchial* de His, l'éminence, le *tubercule lingual*. Au niveau des quatrièmes arcs, on voit une saillie en fer à cheval, *furcula* de His, qui indique l'emplacement qu'occupera plus tard l'entrée du larynx.

Le champ mésobranchial se rétrécit progressivement. A un moment donné, il n'est plus représenté que par une rainure en forme d'**y** renversé (λ), à laquelle aboutissent de part et d'autre les fentes branchiales. Le tubercule lingual occupe le sommet de l'**y**, le bourrelet laryngien l'angle de divergences des deux branches inférieures, et celles-ci aboutissent avec la quatrième fente branchiale dans une sorte de sinus appelé, par His, *sinus branchial.*

Enfin, par les progrès du développement, il arrive que les arcs branchiaux, primitivement parallèles, se tassent et tendent à se recouvrir les uns les autres. Cette nouvelle disposition aboutit à la formation d'une dépression anfractueuse située entre la tête et le thorax de l'embryon. C'est là le *sinus précervical* de His.

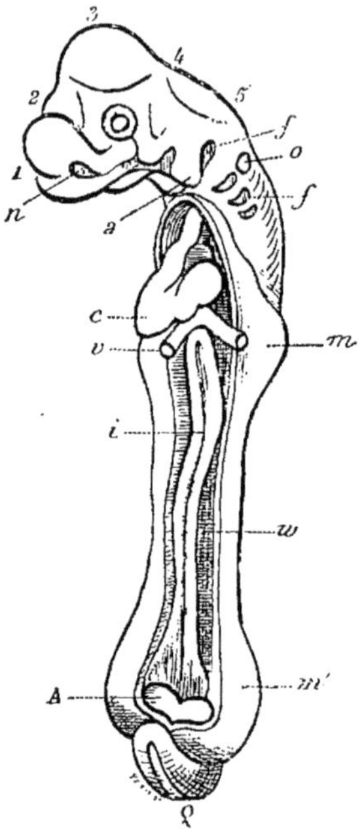

FENTES BRANCHIALES

L'intestin antérieur se met en communication avec l'extérieur, nous venons de le dire, par une série de fentes, situées de chaque côté du cou ; ces fentes ce sont les *fentes branchiales* ou *pharyngiennes.*

A leur niveau, le tube pariétal s'accole au tube intestinal. Il se forme des sillons, *sillons branchiaux*, la membrane intermédiaire se résorbe, il y a alors des fentes, *fentes branchiales.*

Dans toute fente branchiale, on peut donc considérer : 1° des pochettes endodermiques (sillons internes); 2° des pochettes ectodermiques (sillons externes) ; 3° une membrane obturante.

Ces fentes ne s'ouvriraient jamais chez les mammifères, selon l'opinion de His, tandis que suivant d'autres (Fol, de Meuron) les deux premières s'ouvriraient réellement chez ces animaux.

Fig. 59. — Embryon humain de 25 jours. *arc*, arc maxillaire inférieur ; *n*. fossette olfactive ; *f, f'*, fentes branchiales ; *o*, vésicule auditive ; *c*, cœur ; *v*, veines omphalo-mésentériques ; *i*, intestin ; *w*, corps de Wolff ; *m*, rudiment des membres supérieurs, et *m'*, des membres inférieurs ; *A*, ébauche de l'allantoïde ; *Q*, queue ; 1, 2, 3, 4, 5, les cinq vésicules cérébrales.

Chez les Vertébrés aquatiques, les fentes branchiales se garnissent de lamelles (lamelles branchiales, branchies) et servent à la respiration branchiale. Chez les reptiles, les oiseaux et les mammifères elles se ferment et disparaissent, à l'exception de la partie dorsale de la première fente, qui intervient dans la constitution du conduit auditif externe et de l'oreille moyenne.

Voici d'ailleurs quelques indications sur la série des fentes branchiales.

Première fente. — Cette fente, *fente hyo-mandibulaire*, donne lieu dans sa partie persistante au conduit auditif externe, à la caisse du tympan et à la trompe d'Eustache. Elle donne l'évent ou spiraculum chez les Sélaciens. C'est d'elle aussi que dérive la membrane obturante qui sépare le conduit auditif externe de la caisse du tympan et que l'on appelle la *membrane du tympan*.

Deuxième fente. Celle-ci disparaît chez les mammifères sans laisser de traces.

Troisième fente. De cette fente dérive un organe important de la vie embryonnaire et fœtale, le *thymus*.

Quatrième fente. La 4ᵉ fente fournit la glande thyroïde.

On a attribué à la persistance anomale des fentes branchiales les *fistules congénitales du cou*.

ARCS BRANCHIAUX

Formation de la face et du cou.

Le premier arc branchial ou arc maxillaire, concourt avec le bourgeon frontal à la constitution de la face : les arcs inférieurs contribuent au développement du cou.

1) BOURGEON FRONTAL. — Le bourgeon frontal, nous l'avons vu, c'est l'extrémité antérieure de la tête qui surplombe la fosse buccale. Latéralement ce bourgeon est limité par un sillon qui le sépare du premier arc branchial. A l'extrémité de ce sillon, on rencontre la vésicule oculaire (fig. 61).

Fig. 60.— Développement des arcs branchiaux. Embryon humain de 35 jours (Coste). *m*, arc mandibulaire ; *h*, arc hyoïdien ; *b*, arcs branchiaux inférieurs ; *g*, larynx ; *p*, poumons; *f*, foie; *e*, estomac; *i*, intestin.

Avec les progrès du développement, il arrive que le bord inférieur du bourgeon frontal ne reste pas rectiligne. Il s'échancre sur sa partie moyenne de façon que bientôt il est subdivisé par cette échancrure en deux bourgeons secondaires appelés *bourgeons nasaux*.

Un peu plus tard, au milieu de chacun des deux bourgeons

naseaux apparaît une fossette dite *fossette olfactive*, qui communique avec la fosse buccale par une gouttière : cette gouttière, c'est le *sillon nasal*. A partir de ce moment, chaque bourgeon nasal est subdivisé à son tour en deux bourgeons secondaires : le *bourgeon nasal interne* et le *bourgeon nasal externe*.

C'est aux dépens des bourgeons nasaux que se forme le nez.

2) Premier arc branchial, arc facial, arc maxillaire.— Les premiers arcs (arcs faciaux) limitent en bas la fosse naso-buccale que le bourgeon frontal limite en haut. De très bonne heure chacun de ces arcs se bifurque en avant. L'une des branches se porte en haut, contre le bourgeon nasal correspondant ; c'est le *bourgeon maxillaire supérieur*. L'autre branche limite inférieurement l'orifice buccal ; c'est le *bourgeon maxillaire inférieur* (arc mandibulaire). Un sillon sépare le bourgeon maxillaire supérieur du bourgeon nasal : c'est le *sillon lacrymo-nasal*, étendu du globe de l'œil au sillon nasal. Dans son mouvement d'expansion en avant le bourgeon maxillaire supérieur passe au-dessous du sillon nasal en le bordant et arrive à joindre le bourgeon nasal interne avec lequel il se soude. Les deux sillons nasaux sont ainsi transformés en deux canaux qui sont l'ébauche des *fosses nasales* de l'adulte (fig. 61).

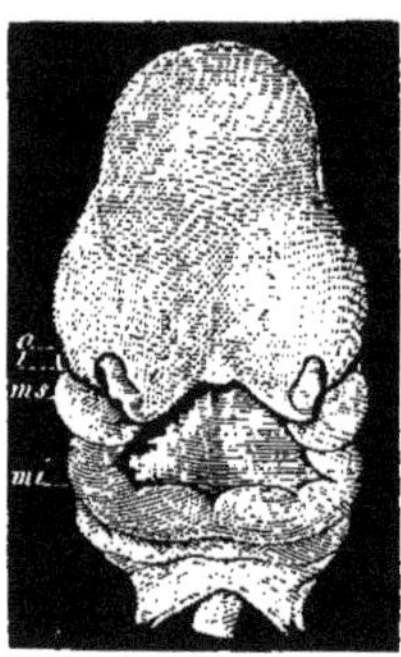
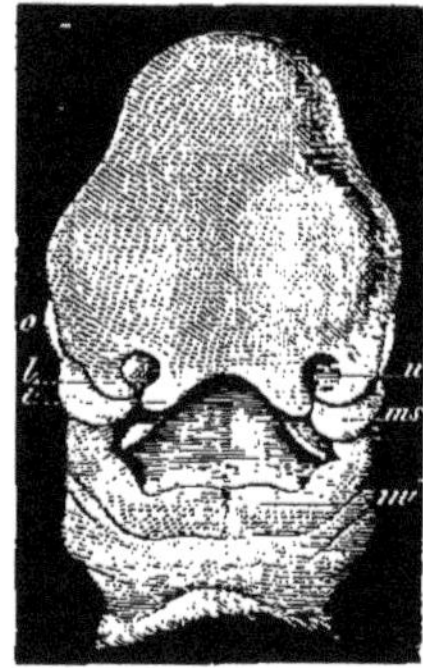
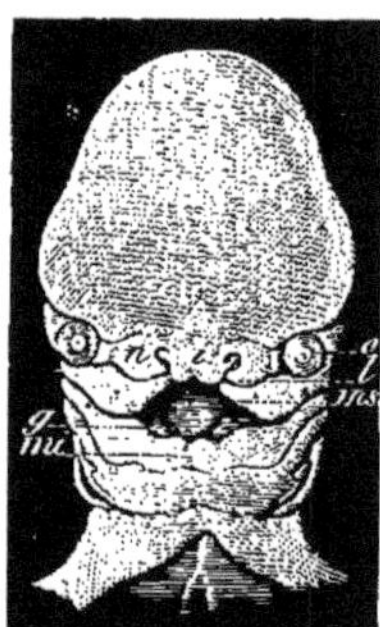

Fig. 61. — Développement de la bouche et de la face (Coste). A, Embryon de 25 jours : B, embryon de 30 jours ; C, embryon de 35 jours. *mi*, bourgeon maxillaire inférieur ; *ms*, bourgeon maxillaire supérieur ; *i*, bourgeon incisif ou nasal interne ; *l*, bourgeon nasal externe ; *n*, fossette olfactive ; *o*, œil ; *g*, cavité buccale.

Bourgeon maxillaire supérieur. — Deux bourgeons qui cloisonnent les fosses nasales et les séparent en même temps de la bouche se développent aux dépens de chaque branche maxillaire supérieure : une lame *palatine* et *ptérygo-palatine* qui est l'origine de la voute palatine, et une lame nasale qui fournira la cloison nasale et séparera l'une de l'autre les fosses nasales.

Les lames palatines se dégagent de la face buccale des bourgeons maxillaires et se portent horizontalement en dedans à la rencontre l'une de l'autre, tandis que par leur extrémité antérieure elles s'unissent aux bourgeons nasaux internes. Les lames ptérygo-palatines complètent en arrière les lames palatines, et dès lors la cavité buccale primitive est subdivisée en deux étages, l'un supérieur, nasal, l'autre inférieur, buccal.

Aux dépens du bourgeon frontal prend naissance une cloison médiane (cloison nasale), qui s'abaisse jusqu'à venir rejoindre par son bord inférieur, la voûte palatine. C'est dans l'épaisseur de cette cloison nasale que se développeront plus tard la lame perpendiculaire de l'ethmoïde et le vomer, succédant à un cartilage qui persiste en avant seulement sous le nom de cartilage de la cloison.

Les bourgeons maxillaires supérieurs et nasaux donnent naissance aux mâchoires supérieures, y compris le nez et la lèvre supérieure. C'est dans l'épaisseur du bourgeon maxillaire supérieur que se développent les os maxillaires supérieurs, l'os malaire, le cornet inférieur, et, par l'intermédiaire des bourgeons ptérygo-palatins,

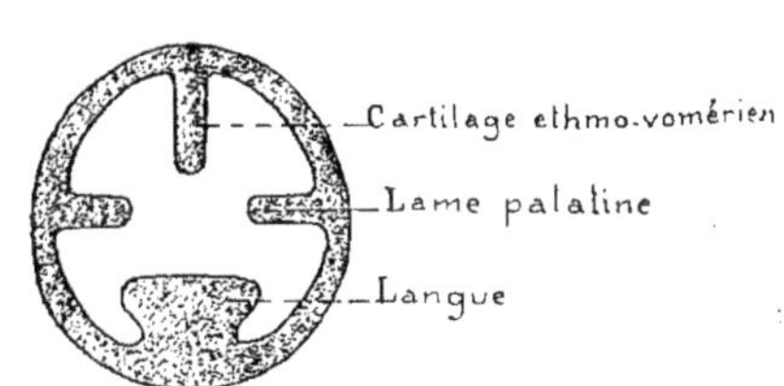

Fig. 62. — Schème du cloisonnement de la bouche primitive de l'embryon.

l'os palatin et l'aile interne de l'apophyse ptérygoïde. La suture en croix de la voûte palatine de l'adulte est la trace de la soudure des lames palatines et des lames ptérygo-palatines les unes avec les autres. Au point où les lames palatines se sont rencontrées avec la partie des bourgeons nasaux internes (dépendances du bourgeon frontal) qui a donné naissance à la cloison nasale, il y a le reste d'un hiatus, le *canal naso-palatin, canal incisif, canal de Stenson*, qui reste perméable toute la vie chez certains Mammifères.

L'absence de soudure des bourgeons maxillaires supérieurs donne lieu à l'anomalie connue sous le nom de *bec-de-lièvre*, qui peut entamer, ou seulement la lèvre supérieure, ou toute la voûte palatine (*gueule de loup*).

Le bec-de-lièvre peut être médian, et alors on l'explique facilement par l'absence de réunion des deux bourgeons nasaux internes. Mais quand il est latéral — et c'est la forme la plus commune — comment l'expliquer ?

D'après la théorie de Gœthe (1786), chaque bourgeon nasal interne donne naissance à un os intermaxillaire supportant les deux incisives (os incisif). Le bec-de-lièvre latéral résulterait de ce que l'os intermaxillaire ne s'est pas soudé au bourgeon maxillaire supérieur. L'incisure, la fente, passe entre l'incisive latérale et la canine. — Le bec-de-lièvre latéral ne serait donc que la persistance de l'os intermaxillaire qui, dans l'espèce humaine, se soude normalement avec le maxillaire.

Mais lorsqu'Albrecht (1879) eût fait la remarque que le plus ordinairement la fente passe entre l'incisive centrale et l'incisive latérale, c'est-à-dire dans le centre de l'os incisif de Gœthe, la théorie de ce dernier auteur a paru insuffisante pour expliquer tous les cas. Aussi, a-t-on été amené à supposer l'existence de 4 os intermaxillaires. La suture intermédiaire persistante donnerait la clef de la formation du bec-de-lièvre latéral.

Mais malgré les recherches d'Albrecht, de Kölliker, de His, de Biondi et de Warenski sur la matière, il faut avouer que la question des os intermaxillaires et du bec-de-lièvre n'est pas encore complètement résolue.

Bourgeon maxillaire inférieur. — Cartilage de Meckel. — Ce bourgeon, réuni à son congénère du côté opposé, limite en bas l'ouverture buccale. Il donne la mandibule (mâchoire inférieure), dont les deux moitiés ne se soudent que vers la fin du premier mois qui suit la naissance (symphyse du menton).

Dès le deuxième mois, il est parcouru dans toute sa longueur par une tige cartilagineuse qui disparaît ultérieurement dans sa portion ventrale au fur et à mesure que se développe l'os de la mâchoire, mais persiste dans sa portion dorsale, sous la forme de deux petits blocs cartilagineux, qui donneront deux des osselets de l'ouïe, le marteau et l'enclume (os homologues au carré des Sauropsidés).

L'arc mandibulaire type (Téléostéens) comprend toute la vie un segment dorsal rattaché au crâne, le palato-carré, et un segment ventral, le mandibulaire (cartilage de Meckel) dont le sommet constitue l'articulaire.

3). Deuxième arc ou arc hyoïdien. — *Cartilage de Reichert.* —

Cet arc concourt avec le troisième et le quatrième à la formation du cou (*arcs cervicaux*). Parcouru aussi par un cartilage, *le cartilage de Reichert*, il fournit la chaîne hyoïdienne, et le dernier des osselets de l'ouïe, l'étrier.

Dans son segment ventral il donne l'*apohyal* (petite corne de l'os hyoïde), dans son segment dorsal, le *stylhyal* (apophyse styloïde de l'os temporal) et, je viens de le rappeler, l'étrier de l'oreille moyenne. Dans son segment moyen, il s'ossifie pour former le *cératohyal*, qui se soude de bonne heure au stylhyal ou disparaît pour ne laisser subsister, comme normalement dans l'espèce humaine, qu'un ligament fibreux, le *ligament stylo-hyoïdien*.

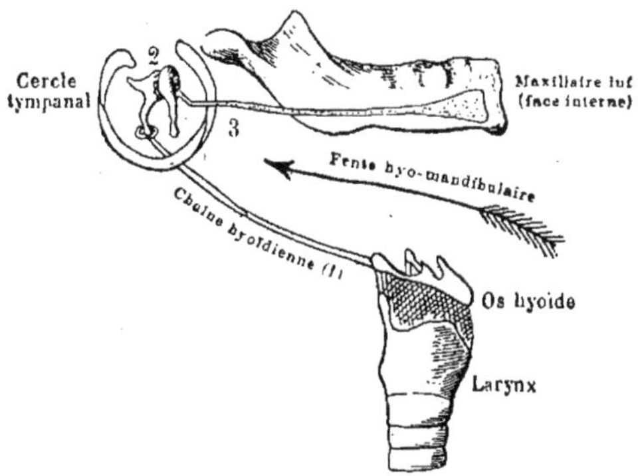

Fig. 63. — Schéme de l'appareil hyoïdien et cartilage de Meckel ; 2 et 3, osselets de l'ouïe (marteau + enclume) et cartilage de Meckel.

Par son bord pharyngien, l'arc hyoïdien fournit les piliers antérieurs du voile du palais (arc palato-glosse).

4). TROISIÈME ET QUATRIÈME ARCS. — Ces arcs donnent naissance aux parties molles du cou. En plus le troisième fournit le *basihyal* (corps) et la grande corne de l'os hyoïde, et le quatrième le cartilage thyroïde.

Nous exprimons dans le tableau suivant toutes les pièces du squelette viscéral qui ne se trouvent au complet, dans la Nature, que chez les Vertébrés osseux et à respiration branchiale (Téléostéens).

	PIÈCES D'ORIGINE CARTILAGINEUSE	PIÈCES D'ORIGINE DERMIQUE
Arc mandibulaire.	*Segment dorsal :* Carré et pterygo-palatin. Enclume et marteau des Vertébrés supérieurs.	Intermaxillaire. Maxillaire supérieur. Jugal. Transverse. Quadrato-Jugal. Palatin. Ptérygoïdien.
	Segment ventral : Cartilage de Meckel ou mandibulaire.	Dentaire, Splénial, Angulaire, Coronoïdien	Maxillaire inférieur.
Arc hyoïdien.	*Segment dorsal :* Hyo-mandibulaire. Symplectique.	Operculaires. Supra-temporal. Squamosal.
	Segment ventral : Stylhyal. Epihyal. Cératohyal. Basihyal.	Rayons branchiostèges.
Arcs branchiaux.	Pharyngo-branchial. Epi-branchial. Cérato-branchial. Hypo-branchial. Basi-branchial.	Phanères dentaires. Dents pharyngiennes.

(Tableau d'ensemble : **APPAREIL VISCÉRAL**)

B

Développement du Tronc et des Membres

1) TRONC. — Au niveau du tronc, il y a séparation des lames latérales en deux feuillets secondaires : le *feuillet fibro-cutané* (lames ventrales), et le *feuillet fibro-intestinal* (lames intestinales). — Entre ces deux feuillets, il y a une cavité, la *cavité pleuro-péritonéale.*

Les lames ventrales se développent d'arrière en avant, de haut en bas et de bas en haut ; elles se rapprochent ainsi jusqu'à ne plus présenter qu'un orifice par lequel sort le cordon ombilical ; c'est l'*anneau ombilical.*

Les lames intestinales se développent de même jusqu'au point de ne plus présenter qu'un orifice au niveau de l'ombilic cutané ;

c'est l'*ombilic intestinal* ou détroit par lequel continue à communiquer l'intestin avec le sac vitellin (canal vitellin).

Ce phénomène est le résultat de la diminution progressive de la longueur de la gouttière intestinale par suite du rapprochement de ses deux replis curvilignes supérieur (repli cardiaque) et inférieur (repli allantoïdien) qui marchent à la rencontre l'un de l'autre et transforment la gouttière en tube.

Il résulte donc de cette évolution que le tronc est primitivement constitué par deux cylindres emboîtés l'un dans l'autre, l'un externe : les parois du tronc, l'autre interne : le tube intestinal (fig. 64).

Quand se sont développés le canal médullaire et la corde dorsale, le mésoderme s'étale à droite et à gauche de ces formations médianes. Dans la région rachidienne, il se segmente en métamères ; plus loin, il constitue les lames latérales clivées, nous venons de le voir, en feuillet externe ou fibro-cutané et feuillet interne ou fibro-intestinal.

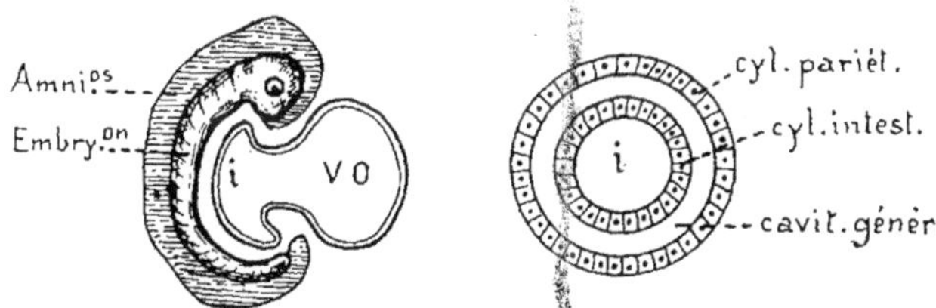

Fig. 64. — Coupe longitudinale et coupe transversale du corps de l'embryon, pour montrer qu'il est composé de deux cylindres, l'un pariétal (feuillet fibro-cutané), l'autre viscéral (feuillet fibro-intestinal); *i*, cavité intestinale; *vo*, sac vitellin.

En haut, le feuillet pariétal va se perdre dans le capuchon céphalique, en bas dans le capuchon caudal. Le feuillet intestinal se perd en haut dans l'aditus anterior, en bas dans l'aditus posterior.

La protovertèbre se dédouble en *myomère* et en *prévertèbre*. Ainsi la paroi du tronc acquiert ses muscles, et le tube médullaire son anneau vertébral.

La prévertèbre forme une gaîne autour de la corde dorsale : c'est l'origine du centrum vertébral qui développe sur sa face dorsale l'arc neural et sur sa face ventrale l'arc hémal (côtes et sternum).

L'arc hémal se divise en arcs sclérogènes (côtes) et en arcs myo-

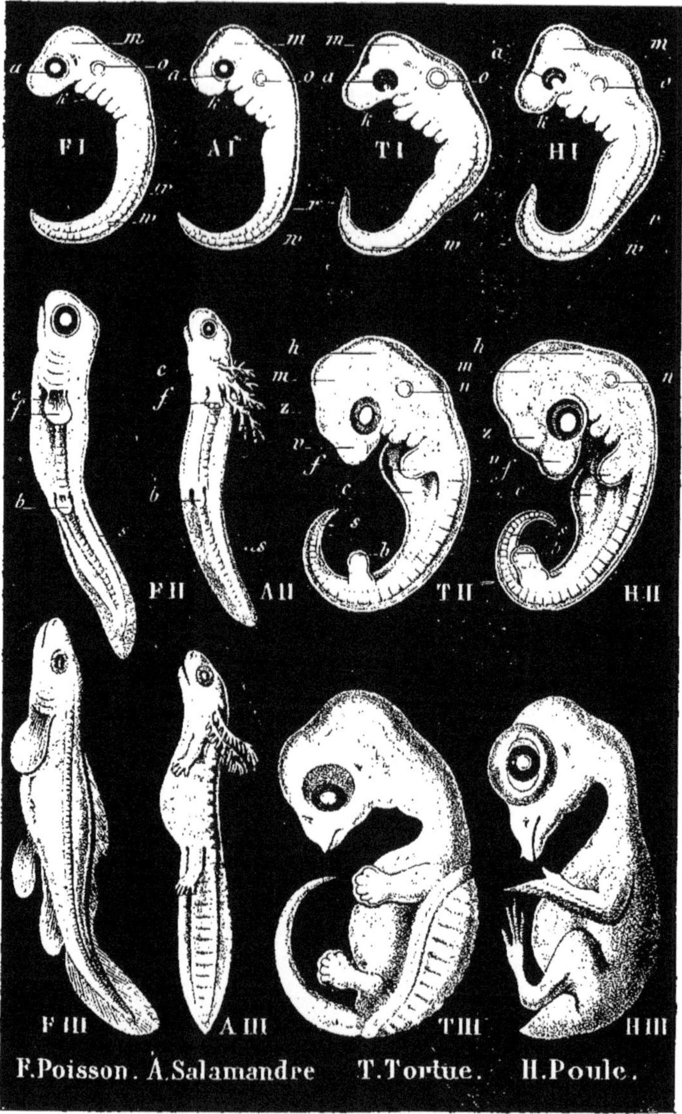

Fig. 65. — Embryons de Poisson, de Salamandre, de Tortue et de Poulet
à trois stades successifs de développement (Haeckel).

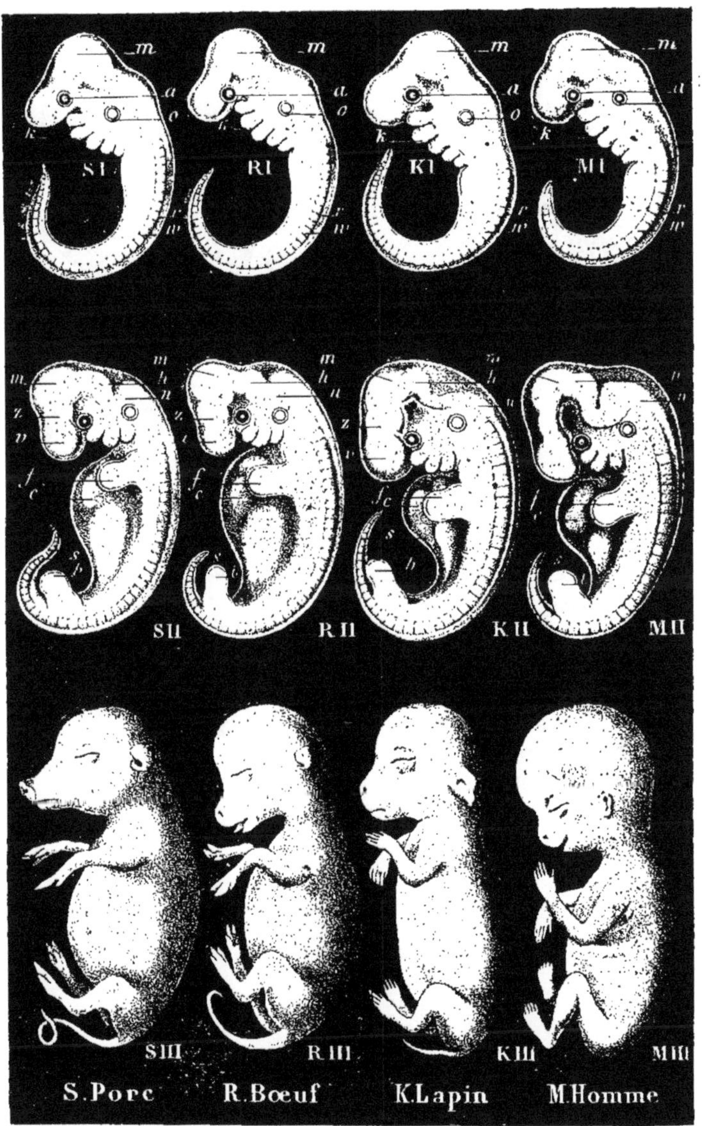

Fig. 66. — Embryons de Porc, de Bœuf, de Lapin et d'Homme à trois stades successifs de développement (Haeckel). — Comparez avec la figure précédente.

Fig. 67. — Embryon humain de 5 mill.
(His). Gr. 7/1.

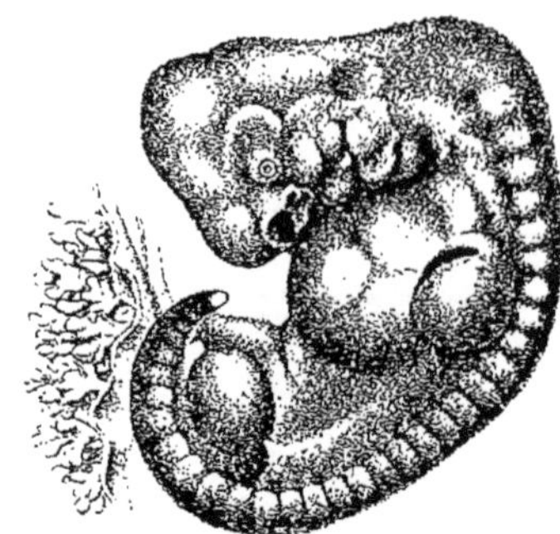

Fig. 68. — Embryon humain de 7,5 mill.
(His). Gr. 7/1.

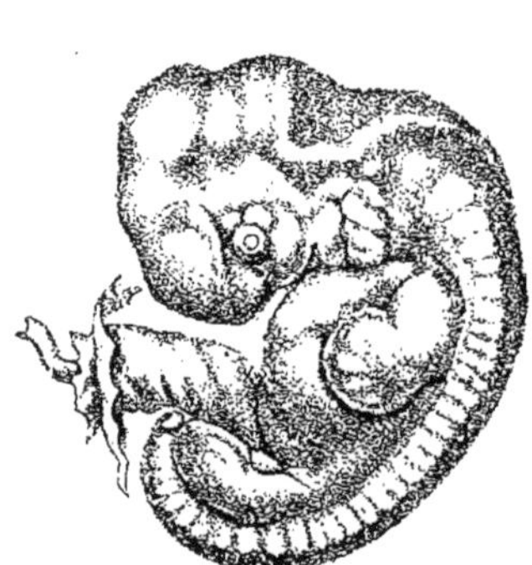

Fig. 69 — Embryon humain de 11 mill.
(His). Gr. 4/1.

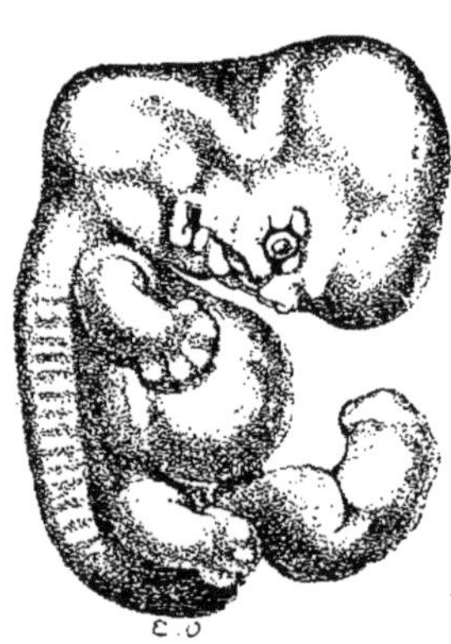

Fig. 70. — Embryon humain de 14,5
mill. (His) Gr. 4/1.

Fig. 71. — Fœtus humain de 50 mill. (Tourneux). Gr. naturelle.

gènes (muscles intercostaux). Dans l'épaisseur de cet arc s'engagent les muscles dérivés des plaques musculaires, des vaisseaux émanés de l'aorte (artères intercostales), des nerfs sortis de la moelle épinière (nerfs intercostaux).

Nous verrons ultérieurement comment se fait la division du tronc en *thorax* et *abdomen* par suite de son cloisonnement par le muscle diaphragme.

2) MEMBRES. — Vers la troisième semaine de la vie utérine, dans l'espèce humaine, sur les parties latérales du tronc règnent de chaque côté un épaississement des lames latérales ; cet épaississement, c'est la *crête de Wolff*.

C'est sur cette crête que se développent les *membres*.

Les membres thoraciques paraissent les premiers. Les bourgeons qui leur donnent naissance sont primitivement représentés par une sorte de palette, la *palette primitive*, dont la direction, aussi bien pour le membre pelvien que pour le membre thoracique est parallèle au plan sagittal du corps. L'orientation ultérieure en sens inverse (rotation) des deux extrémités supérieure et inférieure est le résultat d'un phénomène d'ordre adaptatif.

Dans ces membres pénètrent du mésoderme squelettogène et du mésoderme myogène des plaques musculaires, ainsi que des vaisseaux et des nerfs. Dans leur intervalle, la crête de Volff s'atrophie.

C

Développement de l'extrémité caudale

Les lames latérales se prolongent à l'extrémité postérieure de l'embryon autour de l'aditus posterior en un bourgeon conoïde, le *capuchon caudal* de l'embryon, qui se termine par une extrémité représentant la *queue*.

Dans cette extrémité caudale on rencontre les rudiments d'un plus grand nombre de vertèbres que chez l'adulte. Cette réduction des vertèbres caudales coïncide avec l'atrophie de la queue dans l'espèce humaine.

A son niveau, immédiatement en arrière de la ligne primitive, le mésoderme fait défaut dans une petite zone. Là, l'ectoderme pariétal et l'entoderme intestinal sont adossés. De cet adossement résulte une membrane, qu'on a appelée *membrane cloacale* ou *membrane anale*.

En avant de l'extrémité caudale, s'ouvre l'*anus* qui, lorsque la *membrane anale* ou *membrane de Strahl* aura disparu par résorption comme le fait à l'extrémité céphalique la membrane pharyngienne, s'ouvrira désormais dans l'intestin postérieur.

Dans cette extrémité, incurvée en avant et largement ouverte en haut (aditus posterior), s'enfonce l'intestin postérieur.

La partie antérieure de ce cul-de-sac, tapissé par l'entoderme, proémine en avant sous la forme d'un bourrelet saillant qui s'avance dans la cavité du cœlome ; ce bourrelet, c'est le *bourrelet allantoïdien*. C'est dans son épaisseur que se fera l'*évagination allantoïdienne* (fig. 72).

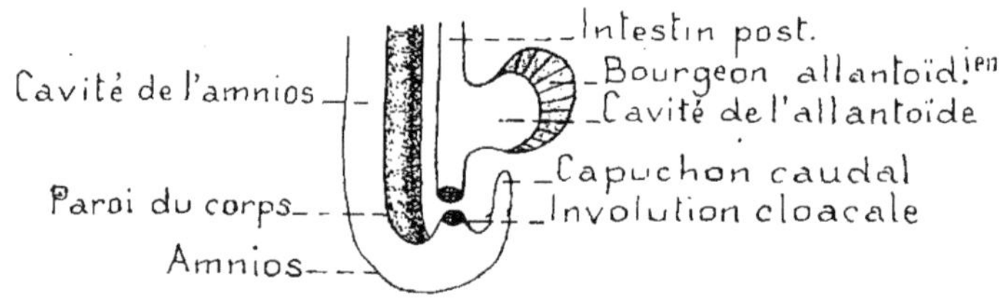

Fig. 72. — Schème destiné à montrer la formation de l'allantoïde et de l'anus (diagramme d'une coupe sagittale de l'extrémité caudale de l'embryon).

Dans le fond de l'intestin postérieur, encore fermé en cul-de-sac, on voit une sorte de carrefour qui communique en avant avec la vésicule allantoïde. Ce carrefour, c'est le *cloaque*, où viendront déboucher de bonne heure les canaux excréteurs des reins primitifs (canaux de Wolff), et qu'une cloison transversale s'abaissant de haut en bas (éperon périnéal de Kœlliker) viendra séparer en deux conduits, l'un antérieur, le *sinus uro-génital*, aux dépens duquel se formeront la vessie urinaire et la portion périnéale du canal de l'urèthre, l'autre postérieur, qui formera le *rectum*.

Pendant un certain temps, l'intestin déborde en arrière la membrane cloacale ; c'est là ce que l'on a appelé l'*intestin caudal* ou *post-anal*.

DÉVELOPPEMENT INTÉRIEUR

Dérivés des feuillets du blastoderme. Organogénie.

Tous les tissus, tous les organes dérivent des feuillets du blastoderme.

FEUILLET EXTERNE (ectoderme)

Le feuillet externe du blastoderme, l'ectoderme (feuillet sensitif et cutané) donne :

1° SYSTÈME NERVEUX
- a) central { Moelle épinière / Encéphale
- b) périphérique | Nerfs

Le névraxe fournit les vésicules cérébrales, d'abord 3, puis 5.

L'antérieure donne { Rhinencéphale / Vésicule optique

La postérieure la vésicule auditive.

2° ÉPIDERME AVEC SES ANNEXES
- Poils
- Ongles
- Ecailles
- Cornes
- Plumes
- Glandes sébacées
- » sudoripares
- » mammaires

FEUILLET INTERNE (entoderme)

Le feuillet interne (feuillet intestinal et digestif) donne :
1° Corde dorsale.
2° Epithélium intestinal avec ses glandes (gl. de Lieberkühn, de Brunner), les glandes annexes de l'intestin (foie, pancréas) la vessie urinaire, la portion prostatique du canal de l'urèthre du mâle et tout l'urèthre de la femelle avec leurs glandes, les canaux de Wolff et de Müller, l'épithélium de l'uretère, les glandes génitales.

Feuillet moyen (mésoderme)

Ce feuillet fournit :

L'épithélium de la cavité pleuro-péritonéale, celui de l'arachnoïde et des vaisseaux sanguins et lymphatiques.

Les tissus conjonctifs (tissus muqueux, fibreux, cartilagineux, osseux), la dentine et les organes vasculaires ;

Par sa *lame somatique*, il donne : le tissu conjonctif, les vaisseaux et les muscles de la peau et du squelette ; par sa *lame splanchnique* les éléments conjonctifs, musculaires et vasculaires de l'intestin et de ses annexes, des organes génito-urinaires, le myocarde, le tissu réticulé des glandes lymphatiques et la rate.

Feuillet interne du blastoderme

TUBE DIGESTIF ET ANNEXES

Le tube digestif résulte de la fermeture de la gouttière intestinale et de sa transformation en tube. En d'autres termes, il provient du tube de la splanchnopleure.

Ce tube s'ouvre à l'extérieur en avant par la bouche et en arrière par l'anus. Temporairement il se met aussi en communication avec l'extérieur au niveau de la région pharyngienne par les fentes branchiales.

La *bouche* dérive de l'invagination buccale. La membrane pharyngienne disparaît, et dès lors, le tube digestif s'ouvre dans la cavité bucco-nasale.

L'*anus* est un reste du blastopore. Il résulte de la dépression anale située en arrière du canal neurentérique. Quand la membrane anale (ou cloacale) a disparu par résorption, il communique avec l'intestin.

On conçoit, quand on connaît ce processus de formation de la bouche et de l'anus, les transitions de structure qu'on trouve au niveau de ces orifices entre le tégument externe (peau) et le tégument interne (muqueuse).

Le tube digestif s'étend primitivement en ligne droite de la bouche à l'anus. Vers le milieu de sa longueur il se continue avec la vésicule ombilicale par l'intermédiaire du canal vitellin.

Il est uni dans toute son étendue à la colonne vertébrale par un repli du péritoine, le mésentère dorsal qui, de haut en

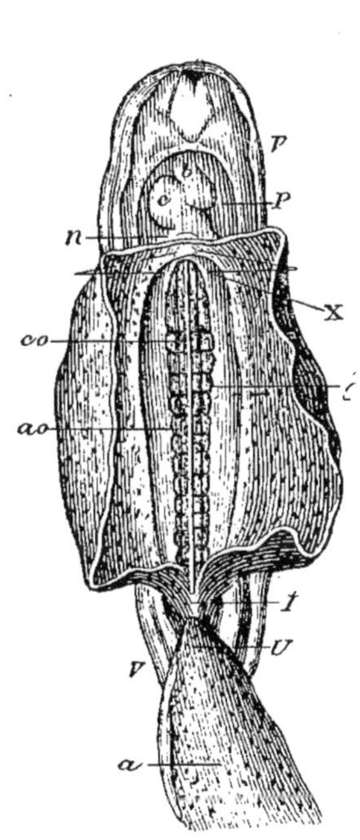

Fig. 73. — Embryon humain de 15 à 18 jours, vu de face et grossi environ 15 fois (Coste). *t*, bourgeon frontal ; *V*, amnios ; *c*, cœur ; *b*, bulbe aortique ; *P*, péricarde ; *n*, veines omphalo-mésentériques ; *x*, aditus anterior ; *I*, aditus posterior ; *g*, protovertèbres ; *a*, pédicule allantoïdien. La vésicule ombilicale est largement ouverte.

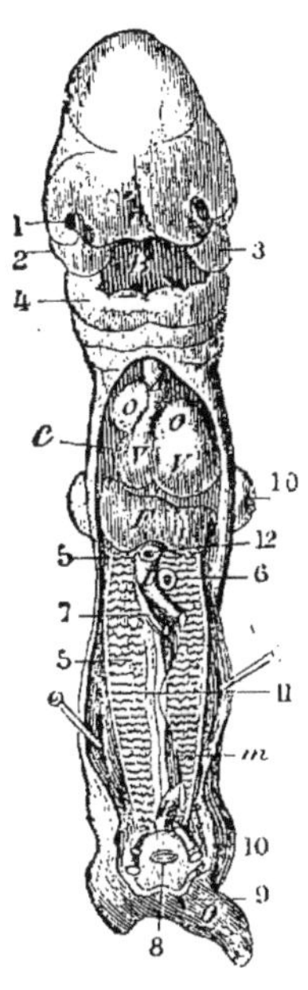

Fig. 74. — Embryon de 25 à 28 jours, vu de face (Coste). 1, fossette nasale ; 2, œil ; 3, bourgeon maxillaire supérieur ; 4, bourgeon maxillaire inférieur ; 5, corps de Wolff ; 6, veine omphalo-mésentérique gauche ; 7, artère omphalo-mésentérique droite ; 8, ouraque avec les vaisseaux allantoïdiens ou ombilicaux ; 9, orifice cloacal ; 10, 10, bourgeons des membres ; 11, glandes génitales ; 12, veine ombilicale ; *B*, fosse buccale ; *C*, cœur avec ses oreillettes (o,o) et ses ventricules (v, v) ; *F*, foie ; *I*, intestin ; *R*, rectum ; *Q*, queue ; *m*, mésentère. L'intestin, l'amnios, la vésicule ombilicale et la vésicule allantoïde sont enlevés pour laisser voir la cavité abdominale.

bas, prendra les noms, lorsque le canal se sera différencié en plusieurs segments, de mésocarde postérieur, mésogastre postérieur et mésentère primitif, et d'autre part, à la paroi antérieure du corps jusqu'à l'ombilic par un autre repli que l'on a nommé de haut en bas, mésocarde antérieur et mésogastre antérieur.

A quelque distance derrière les fentes branchiales, l'intestin se dilate, c'est l'ébauche de *l'estomac*.

Plus loin, il s'allonge plus que le corps et forme dans la cavité abdominale, une anse ; c'est l'*anse intestinale primitive*, dont la branche supérieure ou droite donnera l'intestin grêle, la branche inférieure ou gauche le cœcum et le côlon.

En même temps que ces phénomènes s'accomplissent, la cavité du tronc se divise en deux étages par suite de la formation d'une cloison transversale, le *diaphragme*. Il en résulte que l'intestin peut être divisé en deux grands segments : l'*intestin sus-diaphragmatique* et l'*intestin sous-diaphragmatique*.

L'intestin sus-diaphragmatique est garni d'annexes, qui sont : les *dents*, la *langue*, les *glandes salivaires*, les *amygdales*, le *thymus*, la *glande thyroïde*, les *poumons* ; l'intestin sous-diaphragmatique porte d'autres annexes que l'on appelle le *foie*, le *pancréas*, la *vessie urinaire*.

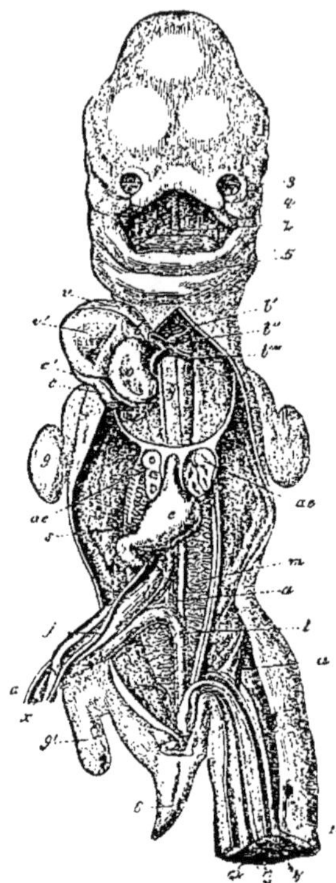

Fig. 75. — Embryon humain de 5 semaines (Coste). La paroi abdominale et thoracique, le foie sont enlevés. 3, bourgeon nasal externe ; 4, bourgeon maxillaire supérieur ; 6, bourgeon maxillaire inférieur ; z, langue ; v, v', o, o', ventricules et oreillettes du cœur ; b, origine de l'aorte : C', C'', C''', 1er, 2e, 3e arcs aortiques ; c, c', c'', veines caves ; ae, poumons ; J, artères pulmonaires ; e, estomac ; m, corps de Wolff ; j, veine vitelline ; S, veine porte ; o, artère vitelline droite ; u, artère ombilicale ; u, veine ombilicave ; x, canal vitellin ; i, intestin inférieur ; 8, queue ; 9, membre antérieur ; 9', membre postérieur.

INTESTIN SUS-DIAPHRAGMATIQUE ET SES ANNEXES

L'intestin sus-diaphragmatique est cette portion de l'intestin qui correspond à l'intestin pharyngien ou intestin antérieur de l'embryon. Il s'étend de la bouche à l'estomac en passant par le pharynx et l'œsophage de l'adulte.

Nous savons comment il se met en relation avec la bouche et, au niveau du cou, avec l'extérieur, par une série de fentes, les fentes branchiales.

Nous connaissons les dérivés des arcs branchiaux et nous avons aussi indiqué les destinées des fentes branchiales. Nous allons bientôt revenir à la 3e et à la 4e fente, car c'est de celles-ci que dérivent le thymus et la glande thyroïde.

BOUCHE ET SES ANNEXES

Langue — Glandes salivaires — Amygdales — Dents.

BOUCHE. — La *bouche*, nous le savons, se développe, à l'extrémité antérieure et ventrale de l'embryon, sous la forme d'une invagination impaire de l'ectoderme (fosse buccale) qui s'enfonce contre l'extrémité antérieure en cul-de-sac de l'intestin céphalique. Lorsque la membrane d'adossement (membrane prépharyngienne) constituée par la rencontre de ces deux culs-de-sac marchant l'un vers l'autre s'est perforée, la bouche communique avec le pharynx.

Elle est limitée alors par les deux arcs maxillaire supérieur et inférieur, et le développement de la lame palatine la partage en un étage nasal ou respiratoire et en un étage intestinal ou digestif.

Au moment où s'effectue la déchirure de la membrane pharyngienne, la bouche est tapissée par une couche de cellules ectodermiques. Ce qui est en arrière de la membrane pharyngienne, c'est-à-dire le conduit pharyngo-œsophagien, est tapissé par une couche de cellules entodermiques. Par la suite la bouche se recouvre d'un épithélium pavimenteux stratifié, ainsi que la portion buccale du pharynx et l'œsophage, tandis que dans la portion naso-pharyngienne de la fosse buccale l'épithélium se transforme en épithélium prismatique à cils vibratiles.

Chez les Batraciens, on le sait, l'œsophage reste tapissé toute la vie par un épithélium cilié. Or, il est remarquable que pendant un certain temps de la vie embryonnaire (à partir du quatrième mois) l'œsophage du fœtus humain est recouvert d'un épithélium cilié.

Langue. — La langue se développe aux dépens de trois ébauches, une médiane, deux latérales.

L'ébauche médiane est le tubercule impar ; les deux ébauches latérales dérivent des extrémités ventrales des troisième et quatrième arcs branchiaux fusionnés entre elles de chaque côté. Les ébauches latérales se fusionnent entre elles suivant la ligne du V lingual de la langue de l'adulte, et ensuite à l'ébauche médiane. Le point de rencontre de ces trois parties siège au niveau du foramen cœcum.

Les glandules de la langue sont dues à des invaginations arboriformes, dans la profondeur, de l'épithélium buccal. Les papilles sont des bourgeons du chorion de la muqueuse linguale qui sont engaînés par l'épithélium. Au niveau du V lingual, ces papilles se sont arrangées en forme de calice (*papilles caliciformes*) dans les parois desquelles se sont formés des organes neuro-épithéliaux, appelés *gobelets du goût, corpuscules gustatifs*.

Glandes salivaires. — Les glandes salivaires se développent aussi bien pour les parotides, les sous-maxillaires et les sublinguales que pour les glandes pariétales (glandules labiales, géniennes, palatines, linguales), de bourgeons pleins et ramifiés de l'épithélium buccal qui se canalisent plus tard, — aussi bien au niveau des acini que des canaux excréteurs.

Amygdales. — Les amygdales prennent naissance sur les parois latérales du pharynx, entre les plis palato-glosse et palato-pharyngien (*fosse amygdalienne*) sous la forme d'une végétation arborescente de l'épithélium dans la profondeur où, pénétrée par un mésoderme qui prend ultérieurement l'aspect du tissu adénoïde, cette végétation prend définitivement la forme de la tonsille de l'adulte avec ses cryptes et ses follicules.

AMYGDALE PHARYNGIENNE ET BOURSE DE LUSCHKA. — Au-dessous du diverticule hypophysaire, l'extrémité antérieure de la corde dorsale vient s'unir à la paroi postérieure du pharynx primitif qu'elle semble attirer en dedans. Il en résulte une répression : c'est la *bourse de Luschka*.

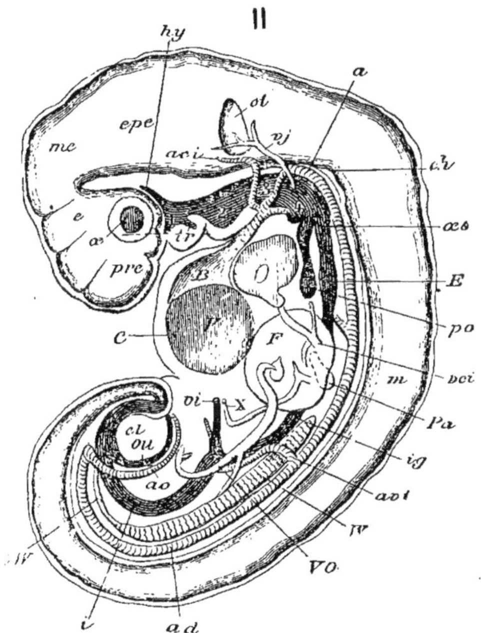

Fig. 76. — Embryon humain de 3 à 4 semaines de Fol. *pre*, prosencéphale; *e*, diencéphale; *me*, mésencéphale; *epe*, métencéphale; *œ*, œil : *ot*, otocyte; *m*, moelle épinière; *1, 2, 3, 4*, pochettes branchiales; *hy*, diverticule hypophysaire; *tr*, ébauche du corps thyroïde; *œs*, œsophage; *E*, estomac; *i*, anse intestinale; *vi*, canal omphalo-mésentérique; *cl*, cloaque; *ou*, ouraque; *F*, foie; *Pa*, pancréas; *po*, ébauche pulmonaire; *W*, corps de Wolff; *CW*, canal de Wolff; *C*, cœur, avec *V*, ventricule, *O*, oreillette, et *B*, bulbe artériel; *ad*, aorte descendante, avec, *avi*, artère vitello-intestinale; *aci*, artère carotide; *vj*, veine jugulaire; *VO*, veine ombilicale; *vci*, veine hépatique; *X*, veine vitello-intestinale (omphalo-mésentérique).

Autour de cette bourse se développe l'*amygdale pharyngienne* de la même façon que l'amygdale palatine.

DENTS. — Sur le bord libre des maxillaires, l'épithélium de la muqueuse buccale prolifère de façon à former une crête saillante. C'est la *crête dentaire.* De cette crête se détache dans la profondeur une lame, la *lame dentaire* ou *mur adamantogène.* De distance en distance, la lame dentaire se renfle et donne naissance à des bourgeons, les *bourgeons dentaires* ou *organes de l'émail.*

Le fond de ces bourgeons est déprimé par la végétation du mésoderme sous-jacent. Il se forme ainsi un bulbe dentaire (*papille dentaire*) que l'organe de l'émail vient coiffer et englober à la fin presque complètement, et qui constitue l'*organe de l'ivoire.*

Autour du bourgeon dentaire, le mésoderme s'épaissit et constitue une enveloppe spéciale connue sous le nom de *sac dentaire* (follicule dentaire) d'où dérive le cément par ossification.

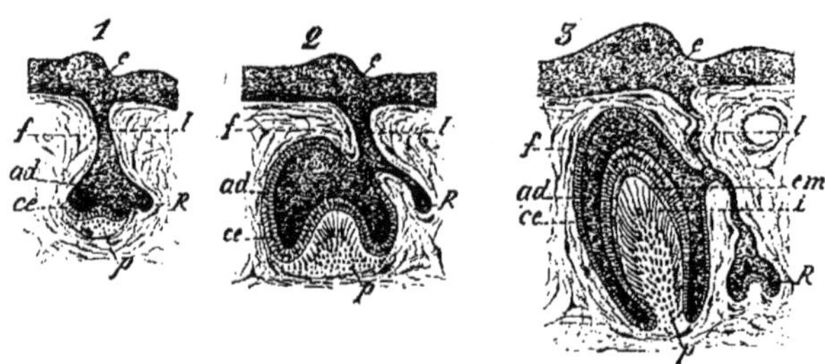

Fig. 77. — Développement des dents. — Trois stades successifs (1, 2, 3). — *e,* crête dentaire; *l,* lame dentaire; *ad,* organe de l'émail; *p,* papille dentaire et organe de l'ivoire ; *R,* bourgeon de la dent de remplacement ; *f,* follicule ou sac dentaire; *i,* odontoblastes; *em,* prismes de l'émail.

Des cellules superficielles de la papille dentaire dérivent les *odontoblastes* qui sécrètent les couches successives d'ivoire ; le reste de la papille persiste dans la dent achevée sous la forme de *pulpe dentaire.*

Les cellules de l'organe de l'émail constituent les *adamanto-blastes* ou *organe adamantin* qui sécrète l'émail qui vient coiffer l'ivoire de la couronne des dents.

Les dents ne sont donc pas des os.

Les dents permanentes se forment en arrière des dents de lait aux dépens de la partie postérieure du bord libre de la crête dentaire.

Les dents qui, chez les Vertébrés supérieurs, n'existent qu'au pour-

tour de la bouche, sont distribués chez les Vertébrés inférieurs, les Sélaciens notamment, non seulement dans toute l'étendue de la cavité buccale
et de la cavité pharyngienne, mais encore sur toute la surface du corps
(dents cutanées). Il est de fait que les dents ne sont que des odontoïdes,
c'est-à-dire en quelque sorte des papilles du derme cutané ossifiées et
recouvertes par une couche d'émail produite par l'épiderme.

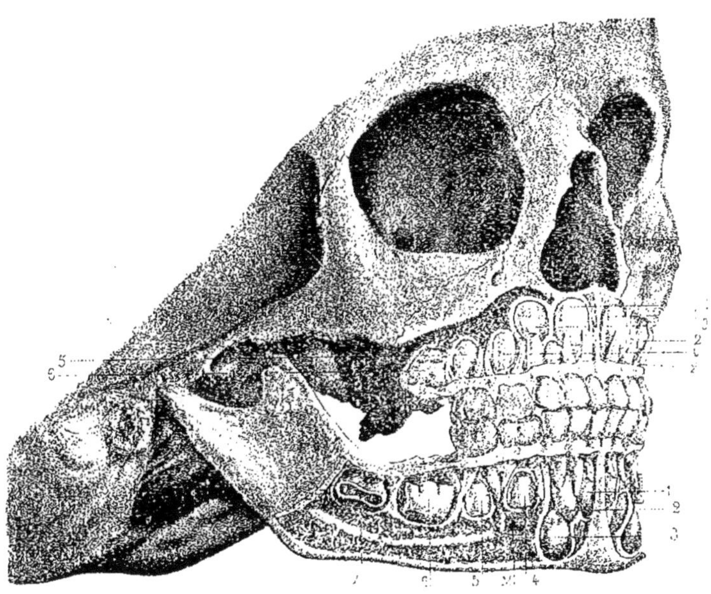

Fig. 78. — Première et seconde dentition (enfant de 5 ans). *1*, *2*, incisives de remplacement encore enfouies dans la mâchoire; *3*. *4*, canines de remplacement;
4 et *5*, petites molaires de remplacement; *6*, première grosse molaire; *7*, deuxième
grosse molaire.

THYMUS. — Le thymus est un organe de la vie embryonnaire,
fœtale et infantile, qui acquiert son plein développement vers la
3e année dans l'espèce humaine.

Il dérive du pharynx embryonnaire, et spécialement de la 3e fente
branchiale. C'est une invagination en doigt de gant, en effet, des
3es pochettes endodermiques qui lui donnent naissance, ainsi que
l'ont bien observé Stieda, Born, de Meuron.

Les deux bourgeons thymiques se détachent du pharynx,
descendent au-devant de ce conduit et viennent s'anastomoser

ensemble en avant des troncs brachio-céphaliques veineux et du péricarde. D'abord creux, ils deviennent pleins au fur et à mesure qu'ils s'allongent par suite de la végétation des cellules épithéliales qui les constituent.

Un peu plus tard, il y a pénétration secondaire du tissu conjonctif et des vaisseaux dans les cordons thymiques. Il se fait ainsi une fragmentation en lobes.

Les cellules qui constituent les lobules du thymus achevé, proviennent donc de l'épithélium des cordons. Dans les derniers mois de la grossesse, ces cellules peuvent s'aplanir et se disposer par places en couches concentriques. Ce sont là les corpuscules de Hassall.

GLANDE THYROÏDE. — La glande thyroïde provient en partie de la quatrième fente branchiale, de la pochette endobranchiale correspondante. Toutefois, toute la glande thyroïde ne vient pas de la quatrième pochette endobranchiale.

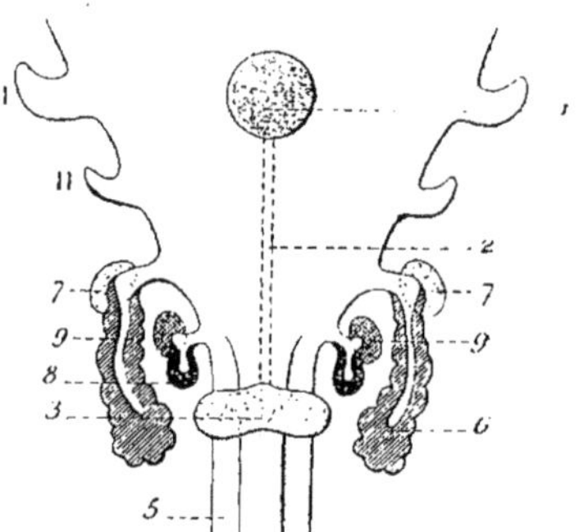

Fig. 79. — Le thymus et la glande thyroïde. I, II, 1ʳᵉ et 2ᵉ pochettes endodermiques; 1, tubercule impair de la langue; 2, cordon thyréo-glosse; 3, thyroïde médiane; 4, tube laryngo-trachéal; 5, œsophage; 6, thymus; 7, glandule parathymique; 8, thyroïde latérale; 9, glandule para-thyroïdienne (Tourneux).

En effet, la glande thyroïde naît de deux ébauches, une *ébauche médiane* et *deux ébauches latérales*.

Thyroïde médiane. — La thyroïde médiane vient d'un bourgeon médian de l'épithélium bucco-pharyngien qui répondra plus tard au foramen cœcum de la langue (Born, His). Cette origine, sur le plancher de la bouche, dans le champ méso-branchial, donne l'explication du *cordon thyréo-glosse* et du *canal thyréo-glosse* qu'on a pu rencontrer anormalement chez l'adulte. Ces formations ne sont, en effet, que des restes du pédicule qui unissait à l'origine la thyroïde médiane à l'épithélium lingual.

Thyroïdes latérales. — Les thyroïdes latérales, ainsi que l'ont observé Born, His, de Meuron, soit sur le mouton et le porc, soit chez l'homme, proviennent de deux diverticules ventraux des quatrièmes fentes branchiales. Elles sont dues à l'allongement des poches endobranchiales de la quatrième fente.

Ces ébauches latérales de la glande thyroïde ne tardent pas à se fusionner avec l'ébauche médiane. L'ébauche primitive végète, elle produit des bourgeons latéraux qui s'arborisent et s'anastomosent avec les branches des bourgeons voisins. Il y a pénétration, dans les bourgeons épithéliaux, de traînées conjonctivo-vasculaires qui décomposent, découpent les bourgeons en lobules et, au même moment, commence la formation des vésicules qui grandissent par la production dans leur centre d'une substance colloïde.

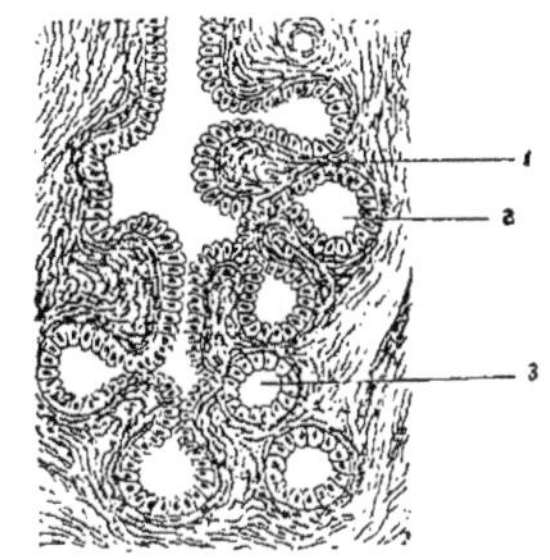

Fig. 80. — Schème destiné à montrer le remaniement des bourgeons épithéliaux thyroïdiens par le tissu conjonctif végétant. *1*, tissu conjonctif étranglant les bourgeons ; *2*, bourgeon en segmentation; *3*, un bourgeon épithélial tout à fait séparé (Launois).

POUMONS. — Les poumons, organes essentiels de la respiration chez les vertébrés terrestres, se développent d'un bourgeon bifurqué de la paroi ventrale de l'intestin céphalique.

Les deux tubes résultant de la division du bourgeon pulmonaire primitif, ce sont les ébauches des poumons (bronches souches).

Celles-ci donnent naissance, par une série de ramifications, aux arbres bronchiques et aux lobules pulmonaires (bronches secondaires).

Il se manifeste de très bonne heure une asymétrie entre le poumon droit et le

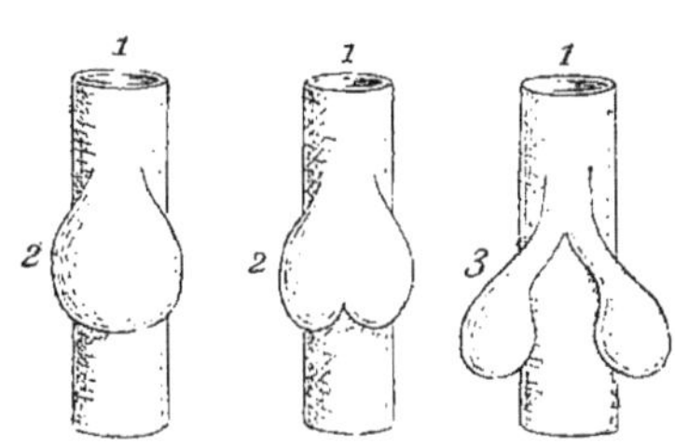

Fig. 81. — Schème destiné à montrer les premiers développements des poumons. *1*, *1*, *1*, tube pharyngo-œsophagien; *2*, *2*, *3*, ébauche des sacs pulmonaires primitifs.

poumon gauche. La souche gauche n'émet que deux vésicules latérales représentant l'ébauche des deux lobes du poumon gauche, la souche droite trois vésicules représentant les ébauches des trois lobes du poumon droit.

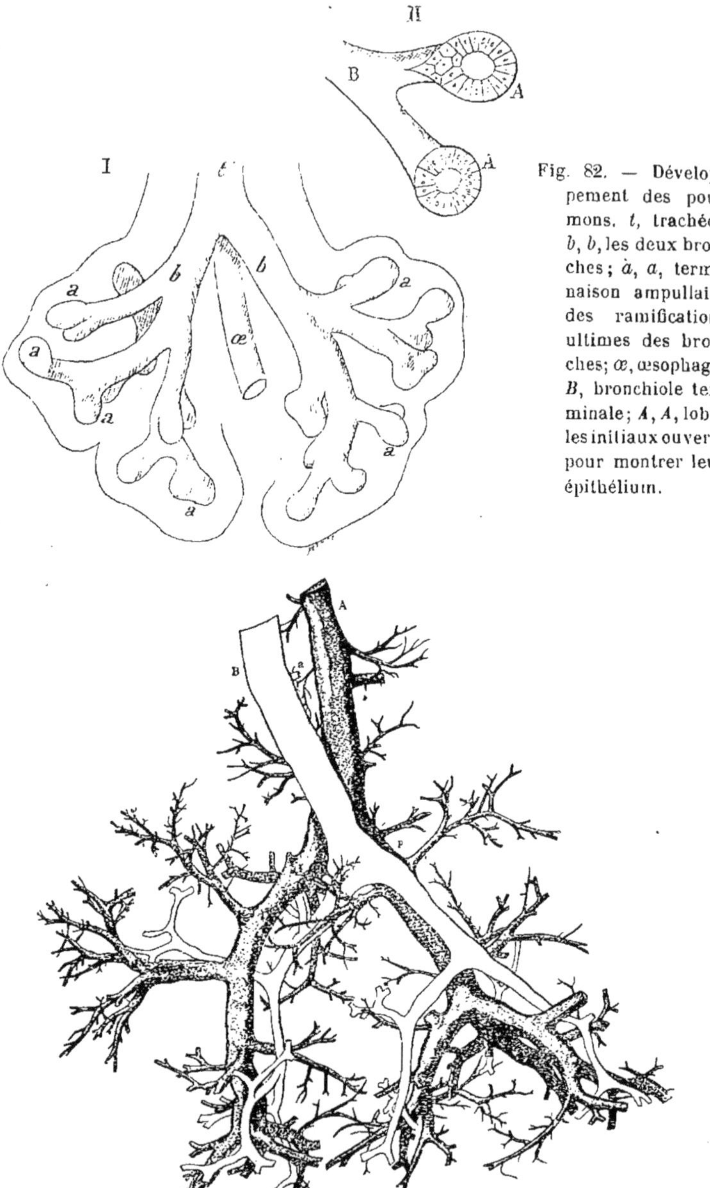

Fig. 82. — Développement des poumons. *t*, trachée ; *b*, *b*, les deux bronches ; *à*, *a*, terminaison ampullaire des ramifications ultimes des bronches; *œ*, œsophage; *B*, bronchiole terminale; *A*, *A*, lobules initiaux ouverts pour montrer leur épithélium.

Fig. 83. — Lobule pulmonaire. Moule obtenu par injection au collodion. La bronche est en blanc, l'artère pulmonaire en noir (Laguesse et d'Hardiviller). *A*, artère, *B*, bronche intra-lobulaire; *p*, panache terminal (les terminaisons ultimes sont cassées).

Chacune de ces bronches lobaires, dont les extrémités renflées sont les vrais *sacs pulmonaires primitifs*, s'allongent et donnent latéralement de nouveaux bourgeons sur le trajet desquels se développent de nouvelles branches.

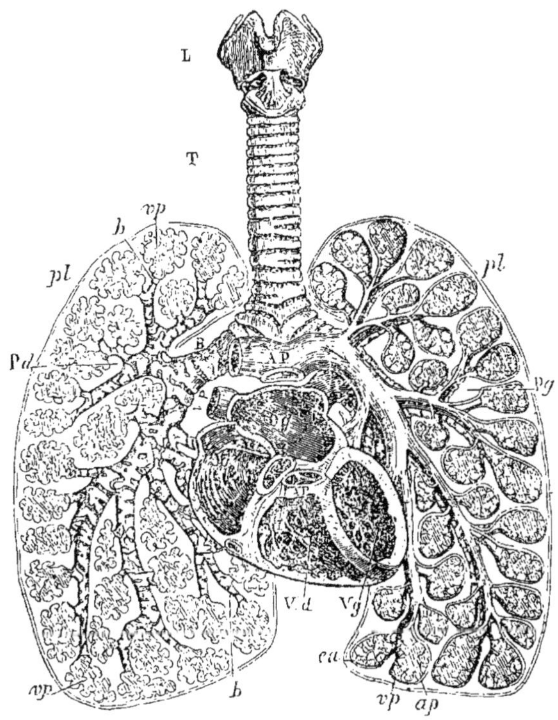

Fig. 84. — Schème de la structure du poumon (d'après Retterer). *Pd*, *Pg*, poumon droit et poumon gauche; *pl*, plèvre viscérale; *L*, larynx; *T*, trachée; *B*, bronches; *b*, bronchioles; *vp*, lobules pulmonaires (acini); *ca*, capillaires pulmonaires; V*d*, *Vg*, ventricule droit et ventricule gauche du cœur; *Od*, *Og*, oreillette droite et oreillette gauche; *VP*, *vp*, veines pulmonaires; *AP*, artère pulmonaire.

La bronche souche du côté droit émet par sa face ventrale, chez la plupart des mammifères, une bronche accessoire, origine du *lobe azygos* ou infracardiaque.

Toutes les bronches lobaires sont situées au-dessous des branches de l'artère pulmonaire (bronches hypartérielles d'Aeby), sauf la bronche supérieure droite (bronche épartérielle d'Aeby).

Selon d'Hardiviller il existerait dans les deux poumons une bronche épartérielle, seulement celle du côté gauche s'atrophie et disparaît de bonne heure.

Le *larynx* et la *trachée* représentent le pédicule par lequel les poumons restent rattachés à la paroi ventrale du pharynx. Ils proviennent d'une gouttière qui se sépare du pharynx jusqu'à son extrémité antérieure (entrée du larynx).

A partir du sixième mois de la vie fœtale, dans l'espèce humaine, les ramifications bronchiques se couvrent de bosselures (*vésicules, alvéoles pulmonaires*) et se transforment ainsi en lobules (*lobules pulmonaires*), dont l'épithélium cylindrique et à une seule couche jusque là, ne s'aplatira tout à fait qu'au moment de la naissance (*endothélium pulmonaire*).

INTESTIN SOUS-DIAPHRAGMATIQUE ET SES ANNEXES

Le tube digestif s'étend au début en ligne droite de la bouche à l'anus. Vers le milieu de sa longueur il se continue avec la vésicule ombilicale par le canal vitellin.

Il reste uni à la colonne vertébrale d'une part, par un mésentère dorsal et à la paroi ventrale du corps jusqu'à l'ombilic par un mésentère ventral. Le mésentère dorsal se divise successivement en mésocarde et mésogastre postérieurs, mésoduodénum et mésentère primitif ou mésentère de l'anse intestinale. Le mésentère ventral donne le mésocarde antérieur et le mésogastre antérieur.

A quelque distance au-dessous des fentes branchiales, le tube digestif se dilate en une ampoule fusiforme ; c'est l'ébauche de l'*estomac*.

La partie qui fait suite s'allonge plus que le tronc de l'embryon ; elle forme une anse dans l'abdomen ; c'est là *l'anse intestinale primitive*. La branche supérieure de cette anse donnera l'intestin grêle, la branche inférieure le gros intestin.

L'*estomac* prend la forme d'un sac. Il s'incurve sur lui-même et subit une rotation de gauche à droite. Dans ce double mouvement son bord postérieur (grande courbure) entraîne le mésogastre dorsal (grand épiploon) et vient se placer en bas ; son bord antérieur (petite courbure) entraîne également le mésogastre ventral (petit épiploon) et se dirige en haut.

Le *duodénum*, entraîné par l'extrémité pylorique de l'estomac dans son mouvement, décrit une courbe à concavité dirigée à gauche et se continue de là avec l'angle duodéno-jéjunal.

L'*anse intestinale* se tord elle-même de gauche à droite. La moitié supérieure de l'anse dévie à droite, la moitié inférieure à gauche. Puis, la branche inférieure remonte et se place au-dessus de la branche supérieure. La première devient le *côlon*, la seconde l'*instestin grêle*.

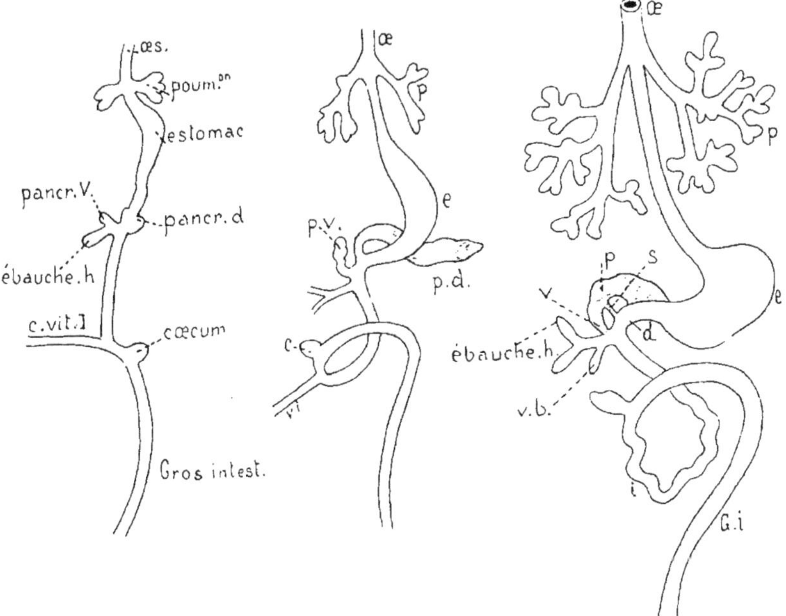

Fig. 85. — Trois stades successifs du développement du tube digestif, montrant la torsion progressive de l'anse intestinale. En *pv*, on voit l'ébauche du pancréas ventral, en *pd*, celle du pancréas dorsal (ces ébauches sont fusionnées dans le dernier stade); en *h*, celle du foie, en *c*, celle du cœcum ; *i*, intestin grêle ; *Gi*, gros intestin ; *c.vit.l*, canal vitello-intestinal ; *d*, duodénum ; *p*, pancréas ; *V*, conduit de Wirsung ; *S*, conduit de Santorini ; *vb*, ébauche de la vésicule biliaire.

Le *côlon* se place ainsi transversalement en avant du duodénum, avec lequel son méso ne tarde pas à contracter des adhérences. Le côlon ascendant se forme ultérieurement par allongement du côlon transverse et par abaissement de l'extrémité cœcale.

Le mouvement et l'allongement du duodénum transportent

l'angle duodéno-jéjunal de la face latérale droite à la face latérale gauche des vaisseaux mésentériques et du méso-duodénum.

Ils expliquent pourquoi, chez l'adulte, le duodénum, pour se continuer avec le jéjunum, passe au-dessous du côlon et du mésocôlon transverses.

L'anse intestinale est bien accusée sur l'embryon humain de 25 jours ; son mouvement de torsion est commencé sur l'embryon de 35 jours. Au 40e jour, la poche cœcale a fait son apparition sous la forme d'un petit diverticule développé sur la branche inférieure de l'anse intestinale, un peu au-dessous de son sommet.

Ultérieurement la branche supérieure de l'anse se plisse pour donner lieu aux circonvolutions de l'intestin grêle. C'est de cette anse que dérivent le pancréas et le foie.

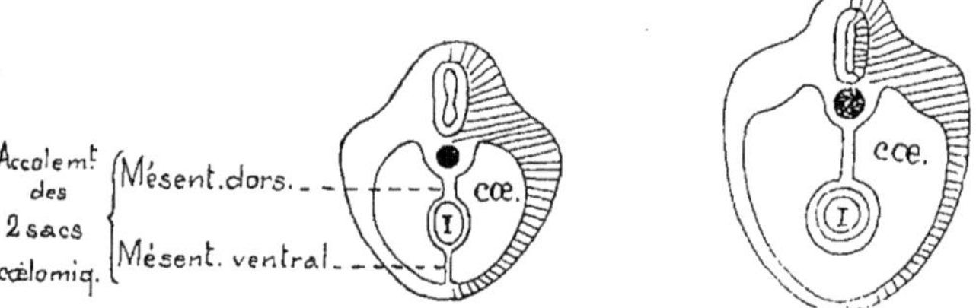

Fig. 86. — Coupes transversales du corps de l'embryon pour montrer les mésentères.
cœ, cœlome ; I, intestin.

Le mésentère dorsal se différencie en plusieurs segments à la suite de ces changements dans la forme de l'anse intestinale. Cette différenciation est le corollaire obligé des incurvations et des changements de position des diverses parties de l'intestin. En certains points de son étendue, il s'allonge ; dans d'autres, il se soude au péritoine de la paroi et semble disparaître.

La partie du mésentère insérée au duodénum (mésoduodénum) se soude avec la paroi abdominale postérieure et fixe cet intestin ; il en est de même, dans la plupart des cas, au niveau des côlons ascendant et descendant (mésocôlons lombaires).

Le mésentère du côlon transverse acquiert une insertion nouvelle et transversale à la paroi abdominale postérieure ; il constitue alors le mésocôlon transverse.

Au niveau de l'anse sigmoïdienne du côlon, le mésentère s'allonge, pour former le mésocôlon iliaque.

Le mésogastre ventral fournit le petit épiploon dans l'épaisseur duquel pousse le bourgeon hépatique. Le mésogastre dorsal donne

le grand épiploon, qui se soude au péritoine de la paroi abdominale
postérieure dans la moitié gauche du corps, au mésocôlon transverse au niveau du côlon transverse et efface sa cavité (grande
bourse épiploïque) par soudure de ses deux feuillets au-dessous du
côlon transverse, la laissant seulement persister au-dessus (arrière-
cavité des épiploons).

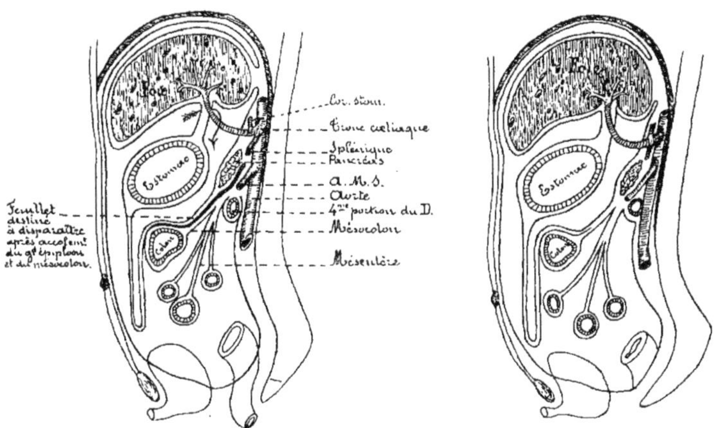

Fig. 87. — Développement des replis du péritoine.

Les parois de l'intestin sont représentées au début par la splanchnopleure. Aux dépens de l'épithélium de l'anse intestinale se
développent les glandes pariétales, glandes de Lieberkühn et de
Brunner ; aux dépens du chorion de cette anse, prennent naissance
le chorion de la muqueuse, y compris les villosités, et la tunique
musculeuse.

Les glandes de l'estomac et de l'intestin apparaissent dès le 3e
mois. Au 5e mois se montrent les follicules clos. Dès le 3e, se produisent les villosités et au 7e les valvules conniventes de l'intestin
grêle.

ANNEXES DE L'INTESTIN SOUS-DIAPHRAGMATIQUE

Foie — Pancréas — Rate — Vessie urinaire

Foie. — Le foie se développe sous la forme d'un bourgeon double dès le début, de la paroi ventrale du duodénum, qui pousse dans le mésentère ventral où il entourera ultérieurement par ses divisions le tronc commun des veines omphalo-mésentériques autour duquel se développera le foie.

Le pédicule du bourgeon deviendra, en s'allongeant, le canal cholédoque. Des deux divisions du bourgeon primitif, la supérieure formera le parenchyme hépatique, l'inférieure la vésicule biliaire.

Le bourgeon hépatique fournit des branches collatérales qui s'anastomosent entre elles de façon à former un réseau, et le foie se développe autour de la veine omphalo-mésentérique à la façon d'une glande tubuleuse réticulée.

La division du foie en lobules distincts ne s'établit que tardivement, à partir de la naissance. Elle paraît être le résultat d'un remaniement vasculaire.

Le diverticule postérieur ou cystique du bourgeon primitif de la glande hépatique devient la vésicule cystique.

Aux dépens du mésentère ventral dans lequel pénètrent les cordons hépatiques primitifs se forme le revêtement péritonéal du foie et une partie des ligaments de l'organe, le petit épiploon, (ligaments gastro-hépatique et hépato-duodénal) et le ligament suspenseur du foie.

Le foie est primitivement formé de deux lobes symétriques, mais le lobe gauche s'atrophie partiellement dans la seconde moitié de la grossesse.

Pancréas. — Peu après la naissance de la vésicule hépatique primitive, on voit, tout près de son insertion sur l'intestin, cette vésicule donner naissance à un bourgeon creux qui se porte en haut et à droite ; ce bourgeon, c'est le *pancréas ventral.*

En même temps, un peu au-dessus de l'origine du bourgeon hépatique, la paroi postérieure du duodénum a développé une évagination nouvelle qui se porte dans le mésentère dorsal et représente le *pancréas dorsal.* A la sixième semaine, les deux ébauches pancréatiques se fusionnent entre elles. L'ébauche postérieure donne le *canal de Santorini,* l'ébauche antérieure la portion céphalique du *canal de Wirsung.*

Cette origine et la fusion des deux pancréas expliquent les 3 combinaisons suivantes :

1° les deux conduits excréteurs dorsal et ventral persistent (cheval, chien) ; 2° le conduit dorsal s'atrophie en grande partie ou tout-à-fait (homme, mouton) ; 3° le conduit ventral s'atrophie et le dorsal persiste (bœuf, porc).

La glande pancréatique se développe à la façon d'une glande racémo-acineuse.

Le mésentère qui rattache le pancréas à la paroi postérieure disparaît plus tard : il se soude avec la paroi abdominale postérieure. En outre, à la suite du mouvement de torsion de l'estomac, le pancréas, qui était verticalement placé au début, vient se placer horizontalement dans l'anse duodénale. Il a suivi dans sa course l'anse duodénale entraînée elle-même par le mouvement de la poche gastrique.

Rate. — La rate apparaît vers la fin du deuxième mois dans l'épaisseur du mésogastre postérieur. Les uns (Phisalix, Toldt) la font provenir de l'épithélium péritonéal ; les autres (Laguesse), du mésenchyme qui entoure à ses débuts la veine splénique. Maurer, enfin, qui l'a étudiée sur les larves d'amphibiens, la fait sortir de l'épithélium de la poche gastrique dont une partie émigre dans le mésogastre dorsal le long de la racine splénique de la veine intestinale.

Vessie urinaire et Sinus uro-génital. — La vessie urinaire dérive du pédicule de la vésicule allantoïde. Elle provient donc d'un diverticule de la paroi ventrale de l'intestin terminal.

Au-dessus de la vessie, la portion de l'allantoïde contenue dans le ventre de l'embryon constitue l'*ouraque* qui rattache la vessie à l'ombilic, s'oblitère plus tard et se transforme en ligament médian de la vessie.

Au-dessous de la vessie, le pédicule de l'allantoïde, dans lequel s'ouvrent les canaux de Wolff et de Müller, constitue le *sinus uro-génital* qui se sépare de l'intestin rectal par suite du développement de l'éperon périnéal, c'est-à-dire par suite du cloisonnement du cloaque qui aboutit à la formation du périnée.

FEUILLET EXTERNE DU BLASTODERME

Organes dérivés de l'ectoderme. — Ectoderme superficiel
Ectoderme invaginé

Le feuillet externe du blastoderme ou lame fibro-cutanée a été appelé feuillet sensorio-cutané. Cette dénomination rappelle ses fonctions les plus importantes. C'est en effet un feuillet de protection (peau) et de sensibilité (organes nerveux et sensoriels).

C'est aux dépens de l'ectoderme que se forme, en effet, l'épiderme et ses nombreux produits : poils, ongles, griffes, écailles, cornes, plumes, glandes sudoripares, glandes sébacées et glandes mammaires. C'est lui, d'autre part, qui produit le système nerveux et les parties essentielles des organes des sens : cellules visuelles, cellules auditives, cellules olfactives, cellules gustatives, cellules tactiles.

ECTODERME SUPERFICIEL

Peau et organes épidermiques

La peau se compose de deux couches, l'*épiderme* et le *derme*.

L'*épiderme* dérive directement de l'ectoderme qui, d'une seule couche de cellules, passe à plusieurs couches (épithélium stratifié) dont les superficielles prennent l'aspect corné et les profondes constituent le corps muqueux de Malpighi.

Le bourgeonnement lamellaire profond de l'épiderme donne naissance aux crêtes primitives de la peau (crêtes de Henle) ; le bourgeonnement digitiforme aux glandes et aux poils.

Le *derme* dérive de la partie superficielle du mésoderme (lame fibro-cutanée). Il se délimite nettement à partir du 3ᵉ mois (lame vitrée). Au 6ᵉ mois, commence à se développer le tissu cellulaire adipeux sous-cutané.

Le derme émet des élevures qui donnent lieu aux papilles dermiques. Il en est de vasculaires ; il en est de nerveuses.

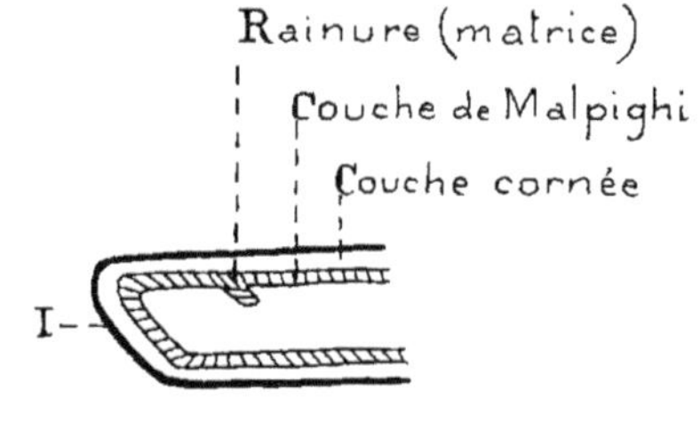

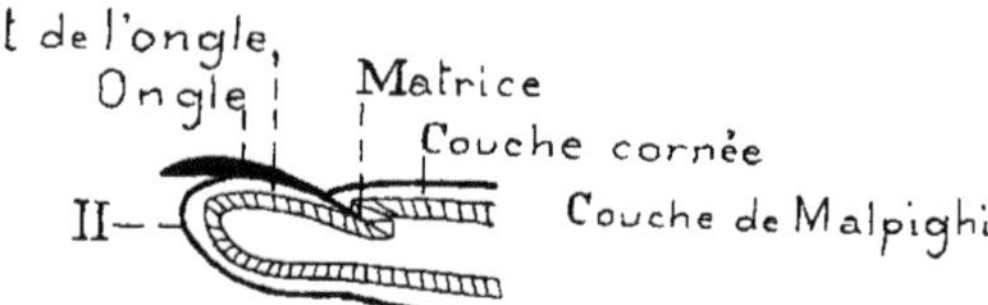

Fig. 88. — Développement de l'ongle.

Ongles. — L'ongle représente une végétation d'un stratum lucidum (couche transparente du corps muqueux de l'épiderme) qui s'est chargé de substance onychogène. Cette couche constitue de la sorte une lame cornée (lame unguéale) qui repose sur le stratum granulosum du corps muqueux se chargeant en même temps d'éléidine, et s'épaissit lentement, par apposition à sa face inférieure, de nouvelles cellules qui se transforment en substance cornée.

Au début l'ongle est recouvert d'une gaîne (épitrichium, éponychium de Unna) qui se déchire au 5e mois de la vie fœtale et qui n'est que la couche la plus superficielle de l'épiderme embryonnaire.

Le *pli unguéal* est la ligne suivant laquelle se fait l'invagination de la couche profonde de l'épiderme qui donne naissance à l'ongle. Le *champ unguéal* est le champ limité par le sillon péri-unguéal. La *racine de l'ongle* est la partie postérieure de l'ongle qui s'enfonce dans le pli unguéal, et la *matrice de l'ongle* est représentée par la couche profonde de l'épiderme invaginé dans le pli unguéal.

Poils. — Le poil est le résultat de la végétation du corps muqueux dans la profondeur sous

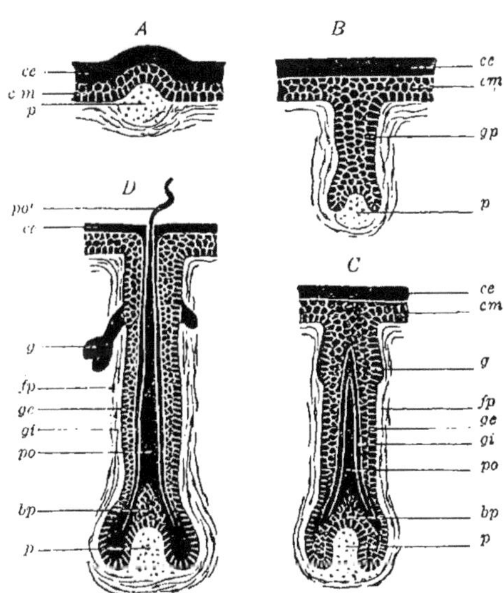

Fig. 89. — Développement du poil (4 stades successifs), Hertwig. *ce*, couche cornée de l'épiderme; *cm*, corps muqueux de Malpighi; *p*, papille du poil; *gp*, germe du poil; *bp*, bulbe du poil; *po*, poil jeune; *po'* tige du poil; *ge*, *gi*, gaine externe et gaine interne de la racine du poil ; *fp*, follicule pileux; *g*, glande sébacée.

forme de bourgeons épithéliaux (*germe du poil*). En regard de ce germe il y a végétation du mésoderme sous forme de bourgeons conjonctifs et vasculaires (*papille du poil*).

Le bourgeon conjonctif refoule le fond du bourgeon épithélial et s'en coiffe : ainsi naît la *papille* du poil. Du pourtour de la base de celle-ci se détache une expansion membraniforme qui enveloppe progressivement de bas en haut le bourgeon pileux : c'est le *follicule du poil*. Les poils apparaissent dès le 3e mois. Au 5e, on voit le centre se montrer sous la forme d'un fil solide. La kératinisation de la partie centrale des cellules du germe du poil aboutit à cette petite baguette rigide qu'on appelle le *poil*.

La masse de cellule en voie de prolifération entre la racine du poil et la papille, constitue le *bulbe pileux*. C'est par l'intermédiaire de ce bulbe que le poil s'accroît ultérieurement.

Le poil se trouve primitivement logé dans l'épaisseur de la peau.. Il est entouré par les cellules du germe qui ne se sont pas transformées en bulbe. Ces cellules rangées sous deux couches, constituent la *gaîne externe* et la *gaîne interne* de la racine du poil (ge, gi, fig. 89).

Les jeunes poils commencent à poindre à la surface du corps à la fin du 5e mois de la vie fœtale. A cause de leur tenacité et de leur caducité. on les a appelés *poils follets* (lanugo).

Tout poil est un organe passager. Après un court temps il est remplacé par un nouveau poil. La chute des poils follets qui a lieu peu de temps après la naissance est préparée par l'atrophie du bulbe pileux. Les *poils persistants* naissent d'un bourgeonnement de la gaîne externe de la racine des anciens follicules (Kolliker).

Le lanugo tombe dans le liquide amniotique. Avalé par le fœtus on le retrouve comme un des éléments constants du méconium.

Glandes sébacées. — Les glandes sébacées, glandes qui sécrètent l'enduit huileux de la peau, apparaissent sous la forme d'excroissances latérales des bourgeons pileux (glandes pileuses, g, fig. 89). Au 6e mois, elles commencent à se charger de graisse.

Ce sont des glandes acineuses qui, au niveau du bord rouge des lèvres, sur le prépuce et sur le gland de la verge et sur les nymphes, se développent directement aux dépens de l'épiderme.

Ce sont elles qui fournissent le *vernix caseosa, le smegma embryonum*.

Glandes sudoripares. — Elles naissent sous forme de bourgeons émanés de la couche profonde de l'épiderme vers la fin du 4e mois. Ces bourgeons sont d'abord renflés en massue et s'enfoncent dans le derme. Au cours du 6e mois, ils se creusent d'une lumière centrale en même temps que leur fond s'allonge et s'enroule en glomérule.

Mamelle. — La mamelle est un amas de glandes acineuses. Elle est représentée, au début, par un bourgeon plein de la couche profonde de l'épiderme (3e mois). A ce niveau l'épiderme se soulève légèrement (champ aréolaire). Ce bourgeon s'étale en surface et de sa face profonde se détachent, dès le 5ᵉ mois, des bourgeons de second ordre qui sont l'origine des canaux galactophores. Ces bourgeons s'enfoncent dans le derme, se creusent d'une cavité centrale et se ramifient. Le centre du bourgeon primitif se déprime (poche mammaire) et, ultérieurement, le tissu dermique interposé aux conduits galactophores se soulève et apporte à fleur de peau l'embouchure de ces conduits.

Au moment de la naissance, et dans les deux sexes, ces glandes donnent lieu à une sécrétion lactée (*lait de sorcière*). Après la naissance, elles tombent dans la torpeur jusqu'à l'époque de la puberté. A cette époque on voit se former des végétations lobulaires à l'extrémité des conduits glandulaires et le centre de l'aréole se soulève sous la forme de *mamelon* par suite de l'épaississement de la plaque mammaire qui se fait surtout au centre de celle-ci.

Les *glandes mammaires surnuméraires* ne sont que la réapparition d'un état antérieur, état qui existait chez les ancêtres mammifères de l'homme. De fait, il existe chez nombre d'embryons de mammifères (rongeurs, carnassiers, porcins, etc.), une crête épidermique qui s'étend de l'aisselle à l'aine. C'est sur le trajet de cette crête que se forment les bourgeons mammaires.

ECTODERME INVAGINÉ

Système nerveux

Le système nerveux tout entier, la moelle épinière et l'encéphale comme les nerfs périphériques, dérivent de l'ectoderme invaginé.

Système nerveux central. — Le névraxe (système nerveux central) se développe aux dépens d'une partie épaissie de l'ectoderme, connue sous le nom de *plaque médullaire.*

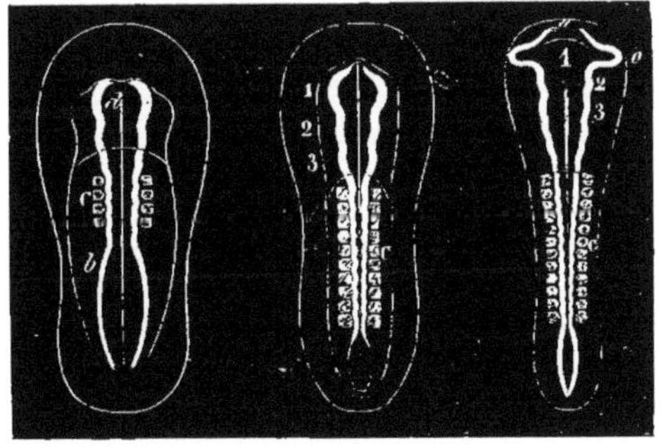

Fig. 90. — Développement du système nerveux central. Embryon de poulet. Trois ébauches successives. *A*, Embryon de 24 heures ; *B*, Embryon de 36 heures ; *C*, Embryon de 48 heures. *a*, vésicule cérébrale antérieure primitive ; *b*, sinus rhomboïdal de la moelle ; *c*, protovertèbres ; *d*, dilatation céphalique du canal neural (cavité ventriculaire) ; *1, 2, 3*, les trois vésicules cérébrales primaires ; *o*, vésicule oculaire.

Cette plaque règne le long de la ligne dorso-médiane de

l'embryon. Elle s'invagine dans toute sa longueur *(gouttière médul-laire)*, ses bords se relèvent *(bourrelets médullaires)* et se rappro-

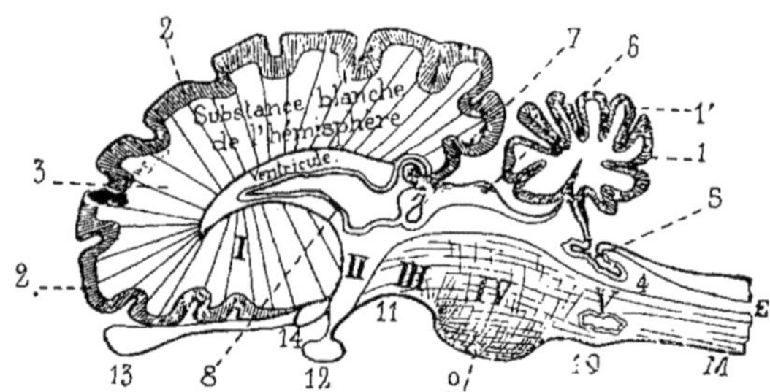

Fig. 91. — Coupe sagittale à travers un cerveau de mammifère. *I*, cerveau anté-rieur; *II*, cerveau intermédiaire; *III*, cerveau moyen; *IV*, cerveau postérieur; *V*, arrière-cerveau; *M*, moelle épinière avec, *E*, son canal central; *1*, cervelet et, *1'*, son écorce plissée; *2*, manteau cérébral; *3*, corps de l'hémisphère (substance blanche rayonnante); *4*, quatrième ventricule; *5*, invagination du plafond de la 5ᵉ vésicule; *6*, tubercules quadrijumeaux; *7*, épiphyse; *8*, invagination du plafond de la 3ᵉ vésicule; *9*, pont de Varole; *10*, bulbe rachidien montrant l'olive; *11*, pédoncule cérébral; *12*, hypophyse; *13*, bulbe et nerf olfactif; *14*, chiasma optique.

chent. Lorsqu'ils sont soudés existe un canal à la place de la gouttière neurale, le *canal médullaire* ou *canal neural*.

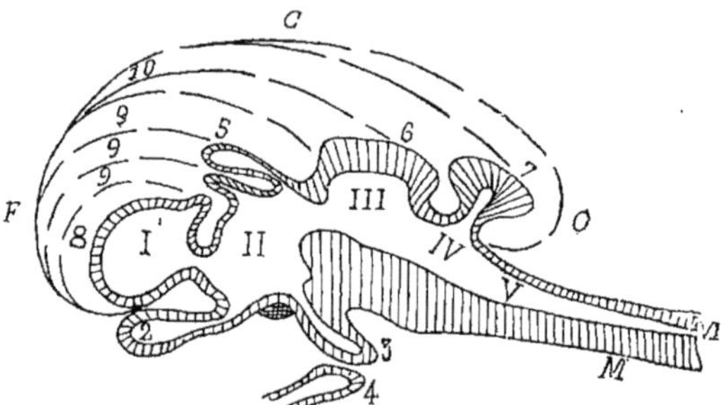

Fig. 92. — Diagramme du développement progressif du cerveau. *I*, vésicule céré-brale antérieure; *II*, vésicule intermédiaire; *III*, vésicule moyenne; *IV*, vésicule postérieure; *V*, arrière-vésicule; *M*, moelle épinière avec, *VI*, son canal central; *F*, lobe frontal de l'hémisphère; *c*, voûte de l'hémisphère; *O*, lobe occipital; *2*, évagination olfactive; *3*, évagination hypophysaire avec, *4*, poche pharyn-gienne de Rathke; *5*, évagination épiphysaire; *6*, lobe quadrijumeau; *7*, cervelet; *8, 9, 10*, agrandissement progressif de l'hémisphère.

Ce canal est, au début, ouvert à ses deux extrémités *(neuropore antérieur* et *neuropore postérieur)*. Le neuropore antérieur se ferme le premier. Il correspond à une fossette garnie de cils vibratiles qui persiste toute la vie chez l'amphioxus, et qui permet à l'eau de mer de pénétrer dans le canal médullaire. Le neuropore postérieur siège en regard du canal neurentérique, à la partie la plus reculée du tube médullaire. Sa fermeture est plus tardive que celle du neuropore antérieur.

Au moment où s'effectue l'occlusion des neuropores, le névraxe est déjà composé de deux segments distincts : un segment postérieur, qui représente une tige cylindrique ; un segment antérieur renflé en plusieurs vésicules et incurvé sur lui-même.

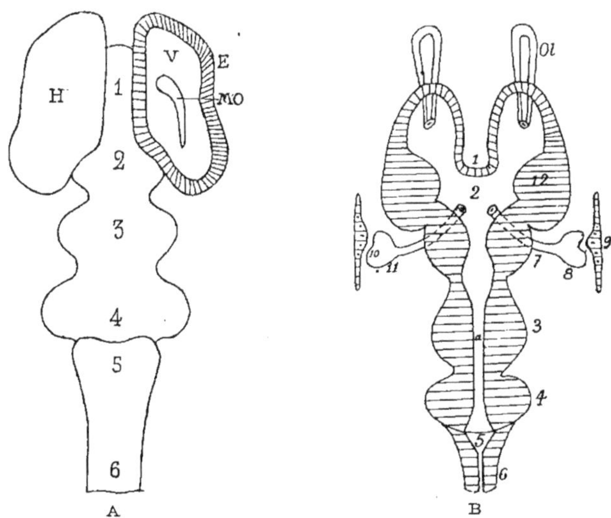

Fig. 93. — Les vésicules cérébrales vues d'en haut *(A)* et en coupe frontale *(B)*. *1*, vésicule cérébrale antérieure limitée en avant par la *lame terminale*; *2*, vésicule intermédiaire (couches optiques et 3ᵉ ventricule); *3*, vésicule moyenne (tubercules quadrijumeaux et aqueduc de Sylvius) ; *4*, vésicule du cervelet et du pont de Varole; *5*, vésicule du bulbe (4ᵉ ventricule); *6*, moelle épinière ; *7*, pédoncule optique; *8*, vésicule optique; *9*, ébauche du cristallin; *ol*, bulbe olfactif; *H*, vésicule de l'hémisphère; *V*, sa cavité; *E*, sa paroi; *MO*, fente de Monro.

La paroi du tube neural se différencie en deux substances : la *substance grise* et la *substance blanche*.

La substance grise, qui forme la partie centrale de la moelle épinière (colonne grise centrale, cornes de la moelle) et la partie corticale du cerveau, provient des cellules ectodermiques du tube neural disposées sous plusieurs couches. Ces cellules se différencient suivant deux voies divergentes : les unes donnent les cellules nerveuses jeunes ou *neuroblastes*, les autres les *spongioblastes* d'où dériveront les éléments de la névroglie (cellules araignées et fibres du réticulum névroglique) et les cellules de l'épithélium épendymaire.

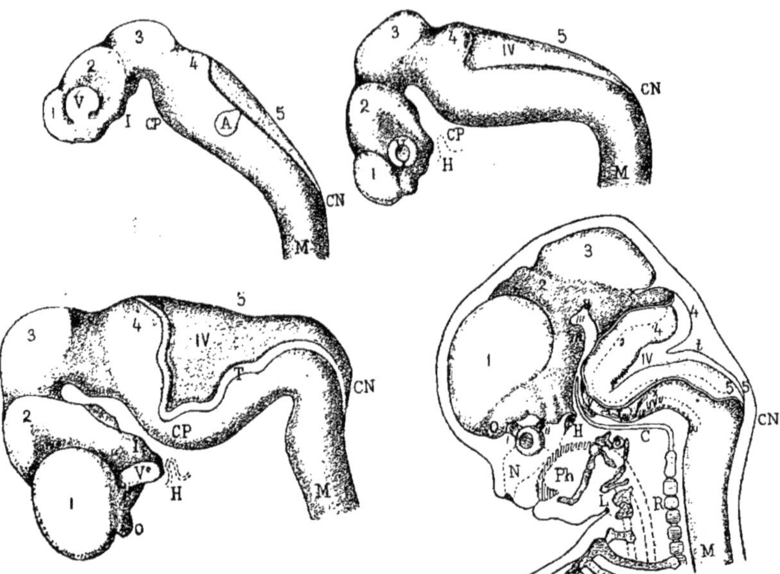

Fig. 94. — Cerveaux humains de 15 jours *(I)*, de la 4ᵉ semaine *(II)*, de la 5ᵉ semaine *(III)*, de la 8ᵉ semaine *(IV)*. D'après les reconstructions de His. *1, 2, 3, 4, 5,* les cinq vésicules cérébrales; *v*, vésicule oculaire; *A*, vésicule auditive; *M*, moelle épinière; *CN*, coude nuchal; *CP*, coude pontal; *I*, infundibulum; *V'*, évagination optique; *o*, lobe olfactif; *H*, diverticule pharyngien de l'hypophyse. — Fig. IV : *1*, nerf olfactif; *II*, nerf optique; *III*, nerf oculomoteur commun; *IV*, quatrième ventricule, avec, *t*, son voile médullaire; *V*, le nerf trijumeau; *VI*, le nerf oculo-moteur externe; *VIII, IX, X*, les nerfs acoustique, glosso-pharyngien et pneumogastrique; *XI*, le nerf spinal; *N*, capsule nasale; *Ph*, pharynx; *L*, larynx; *R*, colonne vertébrale; *C*, corde dorsale.

Les neuroblastes se transforment en cellules nerveuses complètes, possédant cylindre-axe et dendrites, c'est-à-dire qu'elles fournissent les *neurones*.

La *substance blanche* provient des fibres cylindraxiles des neurones qui se myélinisent à partir du quatrième mois de la vie fœtale dans l'espèce humaine.

Les parois latérales du tube neural, au niveau de la moelle, s'épaississent ; leurs parois dorsale et ventrale restent minces, sont refoulées au fond des sillons médians antérieur et postérieur et se transforment en *commissures de la moelle* épinière.

Primitivement le tube neural occupe toute l'étendue du canal rachidien. Plus tard il s'accroît plus lentement que ce dernier et se termine au niveau de la deuxième vertèbre lombaire. Cette disposition donne l'explication du trajet oblique des nerfs lombaires et sacrés.

La partie du tube neural qui donne naissance au cerveau se dilate plusieurs fois et s'incurve sur elle-même. Le résultat de cette dilatation multiple et de cette incurvation est la formation des ampoules que l'on a appelées les *vésicules cérébrales* et des *courbures céphaliques*.

Il y a d'abord 2 vésicules, puis 3, enfin 5. — Le tableau suivant résume l'évolution des vésicules cérébrales :

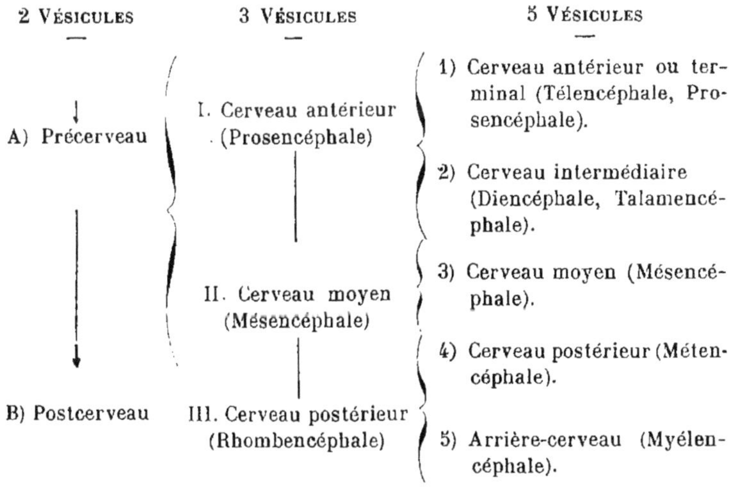

Ces modifications successives de l'extrémité antérieure du tube neural sont dues à l'épaississement considérable des parois du tube en certains points, à leur amincissement également considérable sur d'autres points, et à leur flexure.

La transformation des vésicules cérébrables, si profondes soient-elles, n'a pas d'autre origine.

La flexure des vésicules cérébrales, qui dans leur ensemble

décrivent une courbe à concavité antérieure, détermine la formation de trois courbures et de trois éminences. Ces courbures sont la *courbure céphalique postérieure* (éminence nuchale) ; la *courbure céphalique antérieure* (éminence du vertex, éminence apicale) ; la *courbure frontale* (éminence *frontale*).

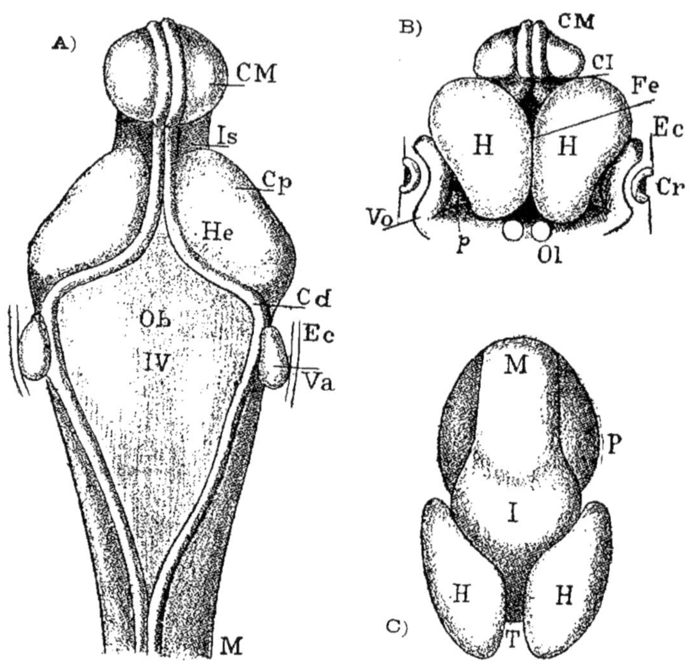

Fig. 95. — Vues du cerveau d'un embryon humain de 6 à 7 semaines. — A) *Vue postérieure :* M, moelle épinière ; *ob*, voile médullaire (plafond du sinus rhomboïdal *IV*) ; *He*, hémisphère ; *Cp*, cerveau postérieur ; *Is*, isthme ; *CM*, cerveau moyen ; *Cd*, bord de la gouttière neurale (suture dorsale) ; *Va*, vésicule auditive ; *Ec*, épiderme. — B) *Vue antérieure :* H, H. les 2 hémisphères ; *Fi*, fente interhémisphérique ; *Ol*, lobe olfactif ; *Vo*, vésicule optique ; *Cr*, cristallin ; *Ec*, ectoderme. — C) *Vue supérieure :* H, H, vésicules des hémisphères ; *T*, lame terminale du talamencéphale ; *I*, cerveau intermédiaire ; *M*, cerveau moyen ; *P*, cerveau postérieur.

Dans les sillons qui séparent les vésicules cérébrales s'enfoncent le mésoderme. Ainsi naissent les *piliers du crâne* (pilier antérieur et pilier postérieur) à la face ventrale du cerveau primitif, 4 cloisons transversales à sa face dorsale et une cloison antéro-postérieure. Cette dernière, c'est la *faux primitive du cerveau*. Un seul des prolongements transversaux subsiste ; c'est celui qui est interposé entre le cerveau moyen est le cerveau postérieur. Il donne la tente du cervelet.

Si nous poursuivons l'évolution des vésicules cérébrales d'arrière en avant, de la plus simple à la plus complexe, nous parcourrons le développement de l'encéphale tout entier.

5e VÉSICULE

Plancher : donne le bulbe rachidien avec les XIIe et VIe paires de nerfs crâniens.

Plafond : donne la lame obturante du 4e ventricule (toile choroïdienne du 4e ventricule, verrou, ligula).

Parois latérales : donnent les pédoncules cérébelleux inférieurs.

4e VÉSICULE

Plancher : donne le pont de Varole et la 5e paire des nerfs crâniens.

Plafond : donne le voile médullaire antérieur (valvule de Vieussens), le cervelet, le voile médullaire postérieur (valvule de Tarin).

Parois latérales : donnent les pédoncules supérieurs et moyens du cervelet.

La cavité des 5e + 4^e vésicules se transforme en 4e ventricule.

3e VÉSICULE

Plancher : donne les pédoncules cérébraux, et l'espace perforé postérieur et la 3e paire des nerfs crâniens.

Plafond : donne les tubercules quadrijumeaux et la 4e paire des nerfs crâniens.

Parois latérales : donnent les corps genouillés internes et le ruban de Reil latéral.

La cavité de cette vésicule se transforme en un canal étroit et allongé, l'aqueduc de Sylvius.

2e VÉSICULE

Plancher : donne l'évagination optique (vésicule oculaire, IIe paire, chiasma optique), le tuber cinéréum, l'hypophyse et les tubercules mamillaires.

Plafond : il s'amincit considérablement et se réduit à l'épithélium de la toile choroïdienne du 3e ventricule. Il donne en un point l'épiphyse et la commissure postérieure.

Parois latérales : elles donnent les couches optiques (thalamus).

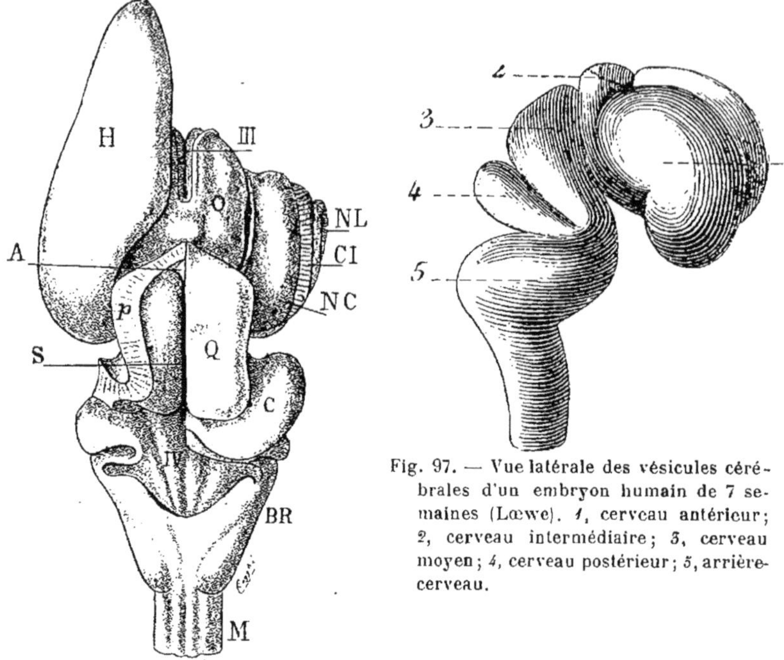

Fig. 97. — Vue latérale des vésicules cérébrales d'un embryon humain de 7 semaines (Lœwe). *1*, cerveau antérieur ; *2*, cerveau intermédiaire ; *3*, cerveau moyen ; *4*, cerveau postérieur ; *5*, arrière-cerveau.

Fig. 96. — Le cerveau embryonnaire après ouverture de sa voûte. *M*, moelle épinière : *BR*, bulbe rachidien ; *C*, ébauche du cervelet ; *IV*, 4e ventricule ; *Q*, région des tubercules quadrijumeaux ; *S*, aqueduc de Sylvius ; *p*, paroi de l'aqueduc ; *A*, anus ; *H*, vésicule de l'hémisphère gauche ; *III*, 3e ventricule et couche optique ; *NL*, noyau lenticulaire et *NC*, noyau caudé du corps strié (dépendance de la paroi de la vésicule de l'hémisphère) ; *CI*, capsule interne.

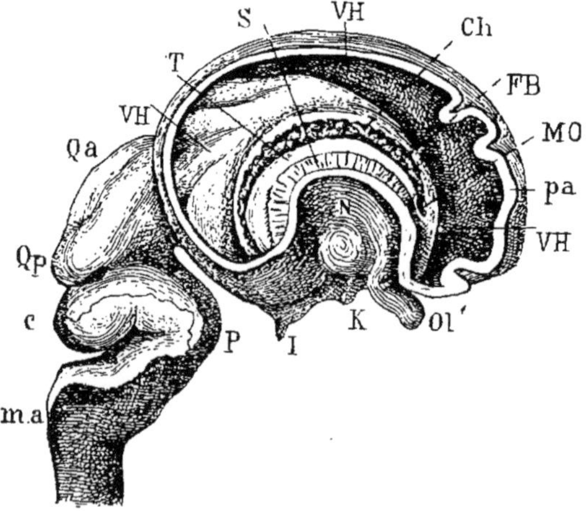

Fig. 98. — Cerveau d'un embryon humain de 3 mois. *VH*, vésicule hémisphérique ; *pa*, paroi de la vésicule ; *Mo*, trou de Monro ; *FB*, fente de Bichat avec les plexus choroïdes *Ch* ; *S*, corps strié ; *T*, trigone ; *Qa*, région des tubercules quadrijumeaux antérieurs ; *Qp*. région des tubercules quadrijumeaux postérieurs ; *c*, ébauche du cervelet ; *Ma*, moelle épinière ; *P*, ébauche du pont de Varole ; *I*, infundibulum ; *K*, région du chiasma optique ; *Ol*, lobe olfactif.

La cavité de cette vésicule donne le 3e ventricule ou ventricule moyen.

1re Vésicule. — La première vésicule cérébrale est subdivisée en deux. Ces deux vésicules nouvelles, ce sont les *vésicules des hémisphères* (fig. 95 et 97).

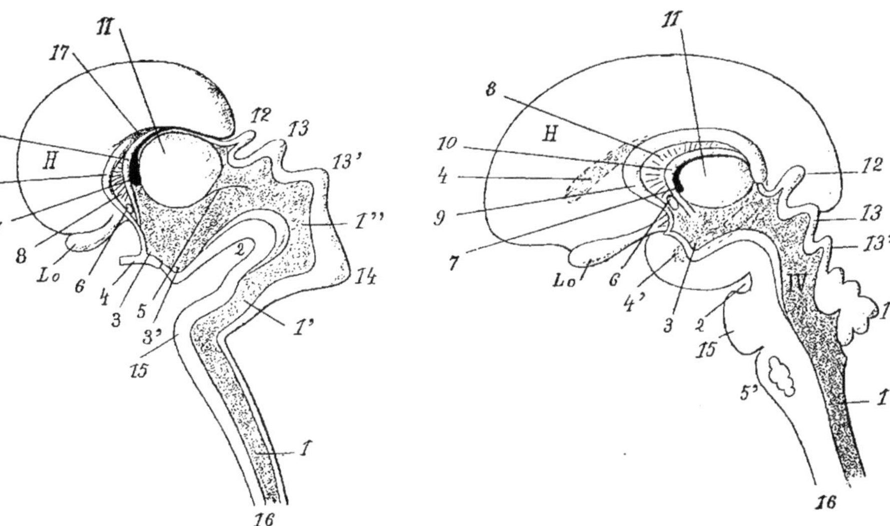

99. — Cerveau d'embryon humain de 12 semaines vu en coupe sagittale et médiane. , canal médullaire et *1'*, *1''*, canal encéphalique; *2*, inflexion du pont; *3*, ventricule moyen; *' infundibulum*; *4*, chiasma optique; *5*, sillon le Monro; *6*, commissure blanche antérieure; , trigone; *8*, septum lucidum; *9*, corps calleux; *0*, fente choroïdienne et trou de Monro; *11*, ouche optique; *12*, glande pinéale; *13, 13'*, tubercules quadrijumeaux; *14*, ébauche du cervelet; *15*, ébauche du pont de Varole; *16*, moelle épinière; *17*, arc marginal; *H*, vésicule de l'hémisphère; *Lo*, lobe olfactif.

Fig. 100. — Cerveau d'embryon humain de 14 semaines, vu en coupe sagittale et médiane *grossi 5 fois*. *1*, moelle épinière; *2*, inflexion du pont (pédoncule cérébral); *3*, infundibulum; *4, 4'*, traces du ventricule latéral (en pointillé); *5*, bulbe rachidien; *6*, commissure blanche antérieure; *7*, trou de Monro et fente choroïdienne; *8*, septum lucidum; *9*, corps calleux; *10*, trigone; *11*, couche optique; *12*, glande pinéale; *13, 13'*, corps quadrijumeaux; *14*, cervelet; *15*, protubérance annulaire; *Lo*, lobe olfactif.

Ces vésicules s accroissent énormément et constituent le manteau cérébral qui recouvre les autres parties des vésicules cérébrales constituant le tronc cérébral ou isthme de l'encéphale.

Le *plancher* des vésicules hémisphériques fournit le ganglion basal ou corps strié.

La *périphérie* donne le manteau avec les circonvolutions et l'évagination olfactive (*rhinencéphale*).

La soudure de la paroi latérale de la deuxième avec la paroi interne de la première vésicule au niveau du sillon opto-strié donne lieu aux *corps opto-striés* (fig. 101 et 102).

La soudure de la paroi interne des deux vésicules hémisphériques donne naissance au *septum lucidum*. Cette soudure est incomplète au centre dans l'espèce humaine, d'où résulte le *ventricule de la cloison*.

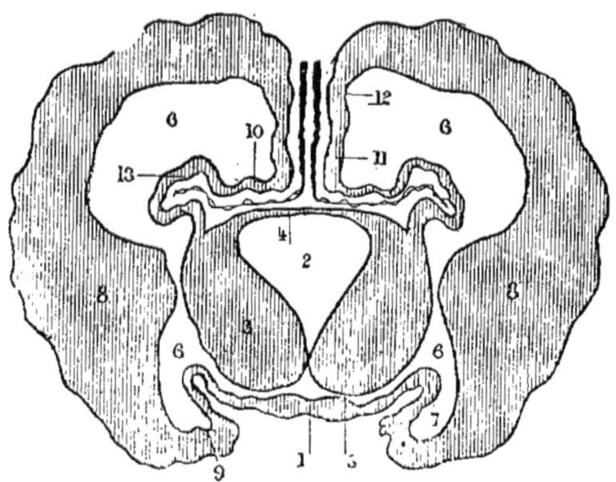

Fig. 101. — Diagramme d'une coupe transversale d'un embryon humain de 3 mois pour montrer comment les plexus choroïdes pénètrent dans le cerveau et comment se développent l'arc marginal, les couches optiques et les corps striés. *1*, paroi inférieure du mésencéphale; *2*, cavité du mésencéphale (3ᵉ ventricule); *3*, couche optique; *4*, voûte du mésencéphale (vésicule cérébrale moyenne); *5*, fente de Monro; *6*, cavité des vésicules des hémisphères (ventricules latéraux); *7*, refoulement de la paroi interne de la vésicule des hémisphères au niveau de la scissure choroïdienne; *8*, épaississement de la paroi latérale de cette vésicule destinée à former le corps strié; *9*, ébauche de la corne d'Ammon; *10*, région du trigone; *11*, ébauche de l'arc marginal inférieur (trigone); *12*, ébauche de l'arc marginal supérieur (corps calleux); *13*, refoulement de la paroi interne des vésicules hémisphériques par la pie-mère (plexus choroïdes, sillon choroïdien).

Le creusement d'une scissure arciforme enveloppant le septum donne lieu à la *scissure d'Ammon* (sinus du corps calleux).

L'amincissement énorme de la paroi interne des vésicules hémisphériques au-dessous du sillon de Monro et son refoulement dans la profondeur détermine la présence de la *scissure choroïdienne* (fente de Bichat) et permet l'introduction des plexus choroïdes dans l'intérieur des ventricules cérébraux.

Entre les deux scissures d'Ammon et choroïdienne il y a un arc de substance nerveuse qu'on a appelé *l'arc marginal*. La soudure des arcs des deux hémisphères sur la ligne médiane donne lieu aux commissures inter-hémisphériques du cerveau (corps calleux, trigone, commissure blanche antérieure, commissure blanche postérieure).

La cavité de la vésicule des hémisphères persiste sous la forme des *ventricules latéraux*, dont la voie de communication primitive avec le ventricule moyen se transforme en *trou de Monro*.

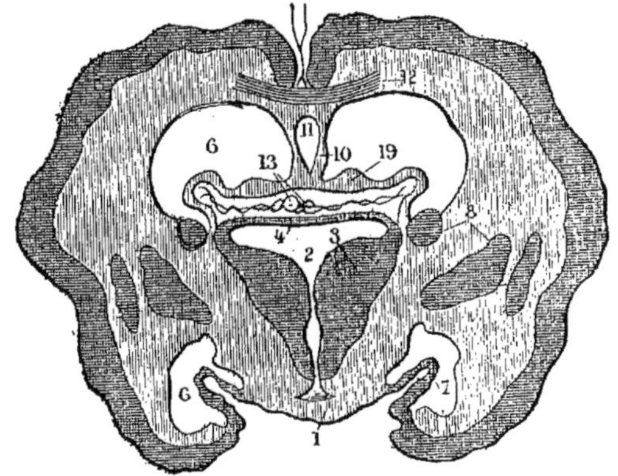

Fig. 102. — Diagramme d'une coupe transversale d'un cerveau d'embryon de 4 mois. *1*, plancher de la vésicule cérébrale moyenne; *2*, la cavité de cette vésicule (3ᵉ ventricule); *3*, couche optique; *4*, voûte du 3ᵉ ventricule; *6*, *6*, ventricule latéral; *7*, scissure choroïdienne (fente de Bichat); *8*, corps strié; *10*, paroi du septum lucidum avec, *11*, ventricule du septum; *12*, corps calleux; *13*, toile choroïdienne du 3ᵉ ventricule; *14*, trigone.

Le *sillon de Monro*, sillon arqué, à concavité supérieure, étendu de l'entrée de l'aqueduc dans le 3ᵉ ventricule jusqu'au trou de Monro, est le vestige du sillon latéral du canal médullaire. Il sépare la paroi latérale du 3ᵉ ventricule en deux étages, un étage supérieur ou thalamique, un étage inférieur ou sous-thalamique.

La paroi des hémisphères se plisse de deux façons : d'où des *scissures* et des *sillons* à la surface de l'écorce.

Si le plissement intéresse la paroi du cerveau dans toute son épaisseur, il se forme à la surface un pli profond, *scissure* ou *sillon total*, auquel correspond une saillie proéminente à l'intérieur de la cavité du ventricule latéral.

Les scissures sont
{
Fosse de Sylvius
Scissure d'Ammon
Scissure choroïdienne
Scisse calcarine
Scissure occipitale
}

auxquelles correspondent les

Saillies internes du
{
Corps strié.
Pli d'Ammon.
Pli choroïdien.
Ergot de Morand.
}

Les *sillons corticaux* sont des dépressions superficielles qui n'intéressent que l'écorce. Ils apparaissent après les sillons totaux et, suivant qu'ils sont plus ou moins étendus et accusés, on les appelle sillons primaires, secondaires, tertiaires.

La présence ou l'absence de circonvolutions à la surface du cerveau ont fait diviser les animaux en *Lissencéphales* et en *Gyrencéphales*.

Les *méninges* ou *enveloppes du névraxe* dérivent de la couche interne de l'enveloppe mésodermique des centres nerveux, dont la couche externe constitue le crâne primordial membraneux.

De bonne heure la pie-mère ou méninge molle se différencie de la dure-mère ou méninge fibreuse. L'arachnoïde se forme tardivement, dans les derniers mois de la grossesse, par une sorte de clivage qui détermine dans l'épaisseur de la méninge primitive un espace séreux.

La lame mésodermique transversale qui s'était interposée primitivement entre la vésicule cérébrale moyenne et la vésicule cérébrale postérieure, persiste et devient fibreuse. Elle donne naissance à la tente du cervelet.

La lame qui s'était enfoncée entre les deux vésicules des hémisphères jusqu'à la lame terminale (faux primitive) suit les hémisphères dans leur développement, c'est-à-dire qu'elle se prolonge progressivement d'avant en arrière. Elle reste unie par son bord inférieur avec la méninge molle primitive qui recouvre le plafond du cerveau intermédiaire. Plus tard, lorsque les fibres commissurales du corps calleux et du trigone auront réuni les deux hémisphères la faux primitive se trouvera divisée en deux parties distinctes : une partie supérieure, tendue de champ d'avant en arrière entre les deux hémisphères, qui deviendra fibreuse dans la suite (*faux du cerveau*), et une partie inférieure, tendue horizontalement, qui conserve son caractère de membrane cellulo-vasculaire et reste étalée à la face dorsale du cerveau intermédiaire (*toile choroïdienne du troisième ventricule, pie-mère invaginée*).

Les *plexus choroïdes* des ventricules latéraux dérivent également de la pie-mère, qui s'invagine dans l'intérieur du cerveau par la fente de Bichat (scissure choroïdienne).

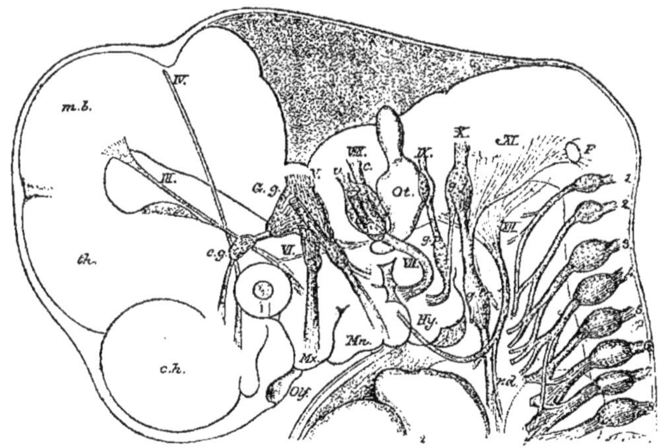

Fig. 103. — Nerfs crâniens d'un embryon humain de 10 mill. de long (His). *Grossi 20 fois. ch,* hémisphère cérébral; *th,* thalamencéphale; *mb,* mésencéphale; *Mx,* bourgeon maxillaire supérieur; *Mn,* bourgeon maxillaire inférieur; *Hy,* arc hyoïdien; *Gg,* ganglion de Gasser; *cg,* ganglion ophthalmique; *vc,* portions vestibulaire et cochléaire de l'auditif; *gp,* ganglion pétreux du glossopharyngien; *gi,* ganglion jugulaire du vague; *gtr,* plexus gangliforme du vague; *F,* ganglion de Froriep de l'hypoglosse; *rd,* rameau descendant de l'hypoglosse; *ot,* vésicule auditive; *1,* vésicule oculaire; *2,* cœur; *3,* sinus rhomboïdal; de *1* à *8,* les nerfs cervicaux.

Système nerveux périphérique. — Le système nerveux périphérique, constitué par les nerfs rachidiens et crâniens, dérive aussi de l'ectoderme, en ce sens que les nerfs dorsaux proviennent des crêtes dorsales, sous la forme de bourgeons, avant même l'achèvement de la fermeture de la gouttière médullaire, et que les nerfs ventraux sont une émanation des cellules de la substance grise de la base du canal médullaire (fig. 103).

La plaque longitudinale, qui provient d'une végétation des crêtes dorsales, porte le nom de *bande ganglionnaire*. Cette bande se segmente comme se segmentent les protovertèbres ; il en résulte des bourgeons qui ont été appelés *ganglions cérébro-spinaux*. Ces ganglions, on le sait, sont annexés aux nerfs dorsaux.

Les ganglioblastes qui les constituent (cellules nerveuses ganglionnaires jeunes) sont primitivement bipolaires ; des deux prolongements qui se détachent de leurs pôles, l'un est un prolongement cellulipète (dendrite), l'autre un prolongement cellulifuge (cylindre-axe). Le premier se rend à la moelle, le second à la périphérie.

Les racines motrices et sensitives des nerfs spinaux se développent, dès le début, en des points différents de la moelle : les unes sont ventrales (motrices), les autres dorsales (sensitives).

Les nerfs crâniens naissent de trois séries de racines : l'une provient des ganglions sensitifs ; les deux autres, l'une ventrale, l'autre latérale, viennent du cerveau et sont motrices.

Les racines latérales s'accolent, en général, d'une façon si intime avec les racines dorsales, dès leur sortie du cerveau, qu'il devient impossible de les distinguer.

Le trijumeau, le facial et l'acoustique, le glosso-pharyngien et le pneumogastrique, avec leurs ganglions, dérivent de la bande ganglionnaire. En certains points, des racines motrices latérales sont réunies aux éléments de ces nerfs (nerfs mixtes).

Les oculo-moteurs, le pathétique, le grand hypoglosse et le spinal se développent comme les racines ventrales des nerfs spinaux.

Les nerfs olfactif et optique sont des parties du cerveau transformées.

Les nerfs grands sympathiques ou nerfs du système ganglionnaire (nerfs de la vie organique) sont des émanations ventrales des bandes ganglionnaires. On les voit poindre, au début, comme des bourgeons qui se détachent de ces bandes.

ORGANES SENSORIELS

De l'*ectoderme externe* ou de l'*ectoderme interne* dérivent également ment dans leurs parties essentielles les principaux organes des sens : la *vésicule optique et le cristallin*, ainsi que les *glandes lacrymales* et les *voies lacrymales*, les *glandes de Meibomius* et les *cils* ; la *vésicule auditive*, la *fossette olfactive* et l'*organe de Jacobson*.

DÉVELOPPEMENT DE L'ŒIL

Les parties essentielles de l'œil, la membrane sensorielle, la rétine, et la lentille, le cristallin, proviennent de l'ectoderme. La vésicule optique émane de l'ectoderme interne, le cristallin de l'ectoderme externe.

Les vésicules optiques primitives sont deux évaginations des parois latérales de la vésicule cérébrale antérieure primaire.

Chacune d'elles restent réunies à la partie de la vésicule cérébrale antérieure qui devient le cerveau intermédiaire par un pédoncule, qui se transforme plus tard en nerf optique.

La vésicule oculaire se transforme en cupule par suite de l'invagination de sa paroi antérieure et inférieure (paroi proximale) dans la paroi postérieure et supérieure (paroi distale). Cette invagination est la conséquence de la pénétration dans la vésicule oculaire du cristallin et du corps vitré.

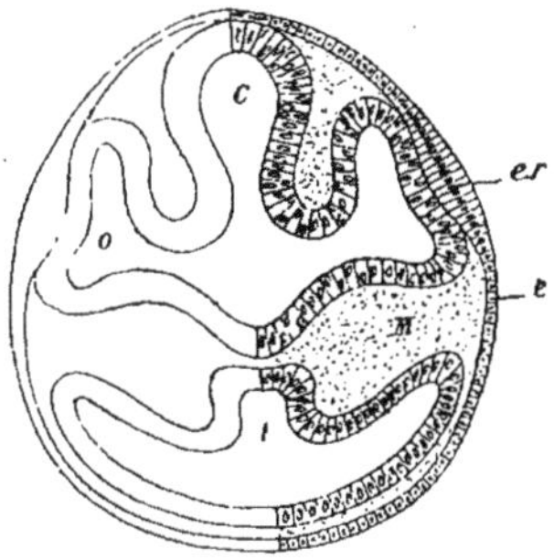

En regard de la vésicule optique, l'épiderme s'épaissit, se déprime en fossette (fossette cristallinienne) et constitue une vésicule (vésicule cristallienne) qui finit par se détacher de lui. Cette vésicule se présente dès lors dans l'ouverture de la cupule oculaire.

Fig. 104. — Développement des vésicules oculaires. Coupe transversale de la tête de l'embryon au niveau de la vésicule cérébrale antérieure. *e*, ectoderme de la tête; *er*, ébauche du cristallin; *c*, vésicule cérébrale antérieure ; *o*, vésicule oculaire; *I*, pharynx; *M*, mésoderme ambiant.

Les cellules de sa paroi postérieure s'allongent et se transforment en fibres du cristallin ; celles de sa paroi antérieure demeurent sous forme de l'épithélium de la cristalloïde antérieure.

Pendant la période active de son accroissement, le cristallin est enveloppé par une capsule vasculaire (membrane capsulo-pupillaire, membrane de Wackendorff) qui s'atrophie et disparaît par la suite.

La végétation du corps vitré (pie-mère invaginée et mésenchyme ambiant) dans le globe de l'œil détermine la production du sillon optique fœtal, qui règne à la partie inférieure du globe et du nerf optique. La persistance anomale de ce sillon donne lieu à l'anomalie du globe de l'œil connue sous le nom de *coloboma*.

La cupule oculaire possède une double paroi, composée d'un feuillet épithélial externe ou distal et d'un feuillet épithélial interne ou proximal. Les deux feuillets se continuent l'un avec l'autre au niveau de l'orifice de la cupule (bord de la coupe optique) et le long des lèvres du sillon optique.

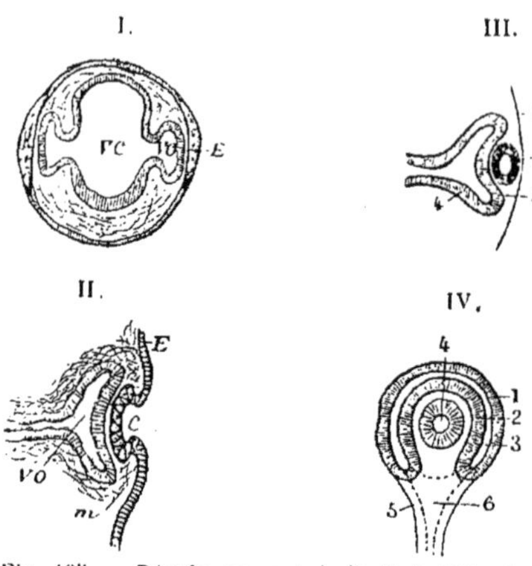

Fig. 105. — Développement de l'œil. I. VC, vésicule cérébrale antérieure ; VO, vésicule oculaire ; E, ectoderme cristallinien. — II. E, ectoderme de la tête ; C, épaississement cristallinien ; VO, vésicule oculaire ; *m*, mésoderme ambiant (oculo-pie-mère). — III. 1, ectoderme de la tête ; 2, vésicule cristallinienne détachée ; 3, feuillet proximal de vésicule oculaire qui commence son invagination ; 4, feuillet pariétal. — IV. 1, paroi distale et 2, paroi proximale de la vésicule oculaire ; 3, reste de la cavité de la vésicule oculaire primitive ; 4, cristallin ; 5, pédicule de la vésicule optique avec son sillon, 6.

Cette cupule se différencie en partie postérieure (fond de la cupule) et en une partie antérieure (bord de la cupule). L'union des deux parties se fait à l'ora serrata. Le fond de la cupule donne la rétine par son feuillet interne et l'épithélium pigmenté (*tapetum nigrum*) par son feuillet externe. Le bord s'amincit et s'allonge ; il se prolonge sur la face antérieure du cristallin et se sépare en trois parties : une portion rétinienne en arrière, une portion intermédiaire qui se plisse autour du cristallin (portion ciliaire), et une portion antérieure qui reste lisse (portion irienne). L'orifice primitivement large de la coupe optique se rétrécit ainsi et constitue la pupille.

La couche de tissu conjonctif embryonnaire qui enveloppe la cupule se différencie différemment au niveau ce ces trois parties de la coupe. Elle se transforme en *choroïde*, en *corps ciliaire* de la choroïde et en stroma de l'*iris*.

Entre le cristallin et l'épiderme, le mésenchyme s'infiltre de la périphérie vers le centre. Il donne ainsi naissance aux éléments de la *cornée* et de la *membrane de Descemet*. Cette dernière reste séparée de la *membrane pupillaire* par une fente. Cette fente c'est l'ébauche de la *chambre antérieure de l'œil*.

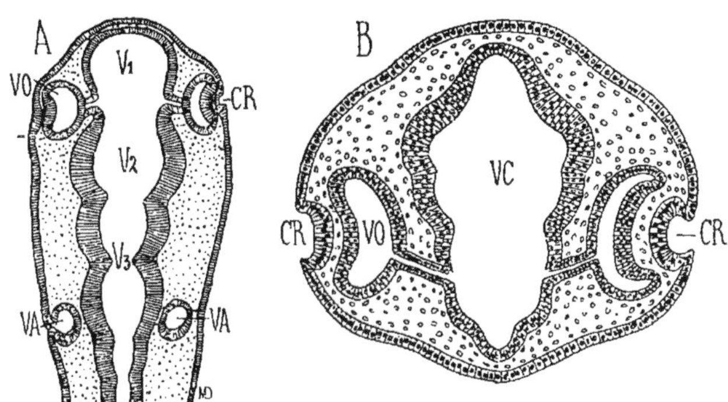

Fig. 106. — Développement de l'œil et de l'oreille interne (figures empruntées à Mathias Duval). *A*, coupe longitudinale, et *B*, coupe transversale de la tête d'un embryon de poulet du 3ᵉ jour. *VO*, vésicules oculaires; *VA*, vésicules auditives; *VC*, vésicule cérébrale antérieure; *CR*, ébauche du cristallin.

Au pourtour de la cornée la peau se plisse pour former les *paupières*. Au fond de la gouttière lacrymale se forme un cordon épidermique qui se creuse par la suite, se sépare de l'épiderme et se transforme de la sorte en *canal lacrymo-nasal* (Born, Legal). L'extrémité supérieure de ce cordon se bifurque et fournit les *conduits lacrymaux*. Pour Coste et Kólliker, au contraire, le canal lacrymal se forme par rapprochement et soudure des bords de la gouttière lacrymale.

DÉVELOPPEMENT DE L'OREILLE

L'*oreille interne*, la partie neuro-sensorielle de l'organe de l'ouïe, débute par une dépression de l'ectoderme (fossette auditive) située sur le côté du cerveau postérieur (fig. 106), au-dessus de la pre mière fente branchiale, qui se sépare ensuite et constitue une vésicule indépendante (*vésicule auditive*).

Cette vésicule s'enfonce dans l'épaisseur du tissu conjonctif embryonnaire qui donnera naissance plus tard à la capsule crânienne et constitue l'ébauche du labyrinthe épithélial.

Pour aboutir à celui-ci, la vésicule auditive se différencie en plusieurs segments. Elle s'allonge et s'étrangle d'abord et forme deux vésicules secondaires : une externe, l'*utricule*; une interne, le *saccule*. L'utricule pousse en premier lieu une première évagination, l'aqueduc du vestibule (conduit endolymphatique), puis trois bourgeons creux en forme de disque, dont le centre s'évide et se troue, tandis que les extrémités restent en relation avec la vésicule d'où le bourgeon s'est détaché; ce sont les *canaux demi-circulaires*.

Le saccule se divise à son tour par étranglement (*canalis reuniens* de Hensen) en deux portions : une portion externe reliée à l'utricule et continuant à porter le nom de *saccule*, et une portion terminale, le *limaçon*, qui, sous la forme d'un petit doigt de gant au début, s'enroule ensuite sur lui-même (*canal cochléaire*).

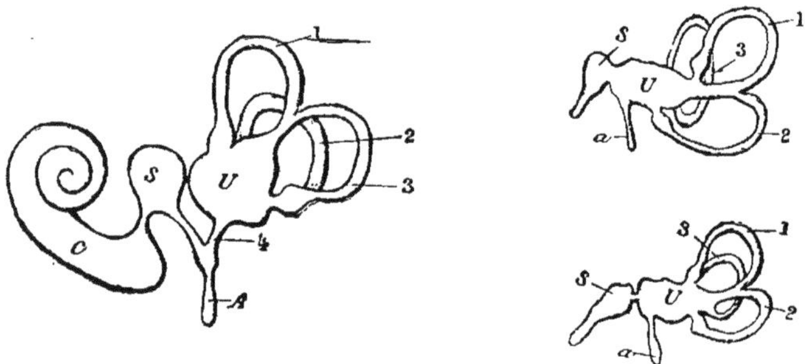

Fig. 107. — Développement de l'oreille interne. — Le labyrinthe membraneux. *U*, utricule; *S*, saccule; *C*, canal cochléaire; *A*, aqueduc du vestibule; *1*, *2*, *3*, canaux semi-circulaires; *4*, canalis reuniens de Hensen.

D'autre part, la vésicule auditive, en face de l'insertion de l'aqueduc du vestibule se rétrécit considérablement, de sorte que le canal du vestibule semble communiquer par deux branches, d'un côté avec l'utricule, de l'autre avec le saccule.

En même temps que se passent ces phénomènes, le nerf auditif et l'épithélium acoustique, primitivement indivis, se divisent en plusieurs parties, tout comme la vésicule acoustique. Le nerf auditif se divise en deux branches, en une branche vestibulaire sur laquelle se développe le ganglion de Scarpa, et en une branche limacéenne sur laquelle on rencontre le ganglion de Corti, qui s'enroule en spirale en même temps que le limaçon.

Parmi les cellules du labyrinthe épithélial, les unes restent indifférentes et s'aplatissent (épithélium de revêtement de la majeure partie des canaux semi-circulaires, de l'utricule, du canal endolymphatique et du canal cochléaire), tandis que les autres, *cellules acoustiques*, s'allongent et garnissent leur extrémité libre de cils raides (poils acoustiques) qui plongent dans le liquide endolymphatique.

Il se forme ainsi deux *taches acoustiques*, l'une dans l'utricule, l'autre dans le saccule; trois *crêtes acoustiques*, une dans chacune des ampoules des canaux semi-circulaires, et dans le limaçon l'épithélium acoustique prend la forme d'une longue spirale (tunnel acoustique) connue sous le nom *d'organe de Corti*.

Le labyrinthe osseux et les espaces périlymphatiques dérivent du tissu conjonctif embryonnaire au sein duquel est plongé le labyrinthe épithélial.

Pour cela, le tissu conjonctif se différencie : 1° en une couche mince qui s'applique étroitement sur les organes épithéliaux et forme avec eux le *labyrinthe membraneux;* 2° en une couche de tissu muqueux, qui se liquéfie pendant la vie fœtale et fournit les espaces périlymphatiques ; 3° en une capsule cartilagineuse qui s'ossifie plus tard pour donner le *labyrinthe osseux*.

L'oreille moyenne et *l'oreille externe* prennent naissance aux dépens de la portion dorsale de la première fente branchiale. Cette fente dans sa région postérieure, se transforme en effet en un canal (canal pharyngo-tympanique) par rapprochement et soudure de ses bords, tandis que dans sa portion antérieure elle disparaît dans la formation des parties latérales du cou.

Aux dépens de sa membrane d'occlusion se forme la *membrane du tympan* qui, épaisse d'abord, s'amincit progressivement et devient membraneuse et vibrante.

Le canal pharyngo-tympanique se dilate en dehors pour constituer la *caisse du tympan* et continue à s'ouvrir en dedans dans le pharynx (pavillon de la trompe d'Eustache).

Sous l'épithélium de la caisse existe, pendant la vie fœtale, une couche épaisse de tissu muqueux. C'est dans ce tissu que sont plongés les osselets de l'ouïe et la corde du tympan. Lorsque ce tissu s'est atrophié, les osselets placés dans des replis de la muqueuse, font saillie dès lors à l'intérieur de la caisse.

L'oreille externe (conduit auditif externe et pavillon de l'oreille) dérive du sillon ectodermique de la 1re fente, comme l'oreille moyenne dérive de son sillon entodermique. Les parois du sillon limitent le conduit et, du pourtour de son ouverture à la peau, s'élèvent une série de saillies qui deviendront, plus tard, le tragus, l'antitragus, l'hélix, l'anthélix et le lobule de l'oreille.

DÉVELOPPEMENT DE L'ORGANE OLFACTIF

Nous savons que dans l'épaisseur du bourgeon frontal apparaissent deux fossettes latérales que nous avons appelées *fossettes olfactives*, et que ces fossettes se réunissent ensuite avec les angles du sinus buccal, par l'intermédiaire des gouttières nasales.

Ces deux gouttières nasales se soudent ; il en résulte la formation d'un conduit (*fosse nasale*) qui s'ouvre d'un côté à la surface de la face (*orifice nasal externe, narine*), de l'autre à la voûte de la bouche primitive (*orifice nasal interne, fente palatine primitive*). Lorsque la voûte palatine s'est faite, les fosses nasales se sont allongées en un long couloir naso-pharyngien et s'ouvrent désormais dans le pharynx.

Il persiste un vestige des fentes palatines primitives dans deux canalicules courts qui traversent la voûte palatine ; ce sont les canaux de Stenson ou canaux naso-palatins.

Ces cavités s'agrandissent, en surface, par plissement de leurs parois (formation des cornets) et par des invaginations en culs-de-sac de la muqueuse dans la profonde du squelette sous-jacent (sinus ethmoïdaux, sphénoïdaux, maxillaires et frontaux).

Des environs des bords de la fossette nasale, à une époque reculée du développement, se fait une petite évagination en doigt de gant de la muqueuse qui longe plus tard le bord inférieur de la cloison ; ce petit cul-de-sac s'entoure, chez beaucoup de mammifères, d'une capsule cartilagineuse dépendante de la cloison des fosses nasales et constitue l'*organe de Jacobson*. Cet organe reçoit une branche spéciale du nerf olfactif. Il est atrophié dans l'espèce humaine.

FEUILLET MOYEN DU BLASTODERME

Organes dérivés du mésoderme

Le feuillet moyen donne naissance aux muscles, aux organes génitaux-urinaires, aux vaisseaux et au squelette.

I. DÉVELOPPEMENT DES MUSCLES VOLONTAIRES

Les muscles du tronc se forment exclusivement aux dépens des protovertèbres (segments primordiaux, somites, sacs musculaires).

Ils dérivent de la couche cellulaire interne du segment, qui se transforme en une plaque épithélioïde (*plaque musculaire, lame dermo-musculaire*) d'où dérivent les fibres musculaires.

La plaque musculaire s'accroît vers la face dorsale et la face ventrale de l'embryon. Elle s'étend ainsi au-dessus de la moelle épinière et dans la paroi du tronc.

Le système musculaire consiste donc primitivement en segments (*myomères*) séparés les uns des autres par des cloisons de tissu conjonctif (*myocomes*).

Cette disposition de la musculature est la première manifestation de la segmentation du corps en une série de métamères placés les uns derrière les autres. Elle persiste chez les Poissons.

Les muscles de la tête se forment, non seulement aux dépens des somites céphaliques, mais aussi aux dépens d'une partie du mésoderme qui correspond aux plaques latérales du tronc, et qui, après la formation des fentes branchiales, se divise en plusieurs branchiomères.

Aux dépens des segments céphaliques se forment les muscles du globe de l'œil ; aux dépens des branchiomères, les muscles masticateurs et ceux de l'arc hyoïdien.

Les muscles des membres proviennent également du prolongement d'un certain nombre de plaques musculaires dans les bourgeons primitifs des membres.

Quant aux *muscles involontaires* ou *muscles intestinaux*, ils prennent naissance aux dépens des éléments du mésoderme de la splanchnopleure.

L'épithélio-mésoderme donne donc tous les muscles, excepté ceux du cœur et des viscères qui proviennent du splanchno-mésenchyme, et la musculature dérive ainsi de la splanchnopleure des somites (plaques musculaires).

II. DÉVELOPPEMENT DES ORGANES GÉNITO-URINAIRES

Dans le fond de la cavité pleuro-péritonéale, de chaque côté de la colonne vertébrale primitive, apparaît de bonne heure une saillie allongée ; cette saillie c'est l'*éminence uro-génitale*.

C'est au niveau de cette éminence qu'apparaîtront successivement :

quatre glandes paires {
- Pronéphros
- Mésonéphros
- Métanéphros
- Glande génitale

et trois canaux pairs {
- Canal de Wolff
- —   Müller
- Uretère.

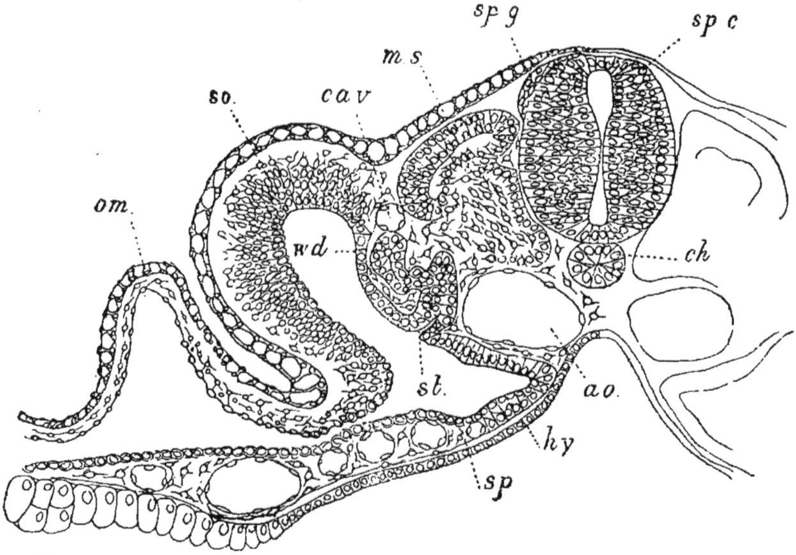

Fig. 108. — Coupe transversale d'un embryon de canard de 24 segments primordiaux (Balfour). *om*, amnios ; *so*, lame somatique; *sp*, lame splanchnique ; *wd*, canal de Wolff; *st*, canalicule segmentaire ou canalicule du corps de Wolff; *ca v*, veine cardinale; *ms*, plaque musculaire; *sp. g*, ganglion spinal ; *sp. c*, moelle épinière; *ch*, corde dorsale ; *ao*, aorte: *hy*, hypoblaste.

Le *canal de Wolff* dérive d'un bourgeonnement cordiforme longitudinal du feuillet pariétal du mésoderme.

Ce cordon se creuse, s'allonge d'avant en arrière en glissant contre le feuillet moyen et le feuillet externe de l'embryon jusqu'à atteindre le cloaque où il s'ouvre.

L'adhérence intime de ce canal dans ses régions postérieures à l'ectoderme, aux dépens duquel il paraît se faire, semble indiquer que primitivement, chez le prototype du vertébré, il s'ouvrait à l'extérieur.

Ce canal est non seulement le canal ex-créteur d'un rein pré-curseur que l'on a ap-pelé Pronéphros, mais aussi du rein primitif ou Mésonéphros, et donne origine, par bourgeon-nement, au canal excré-teur du rein définitif, c'est-à-dire à l'uretère.

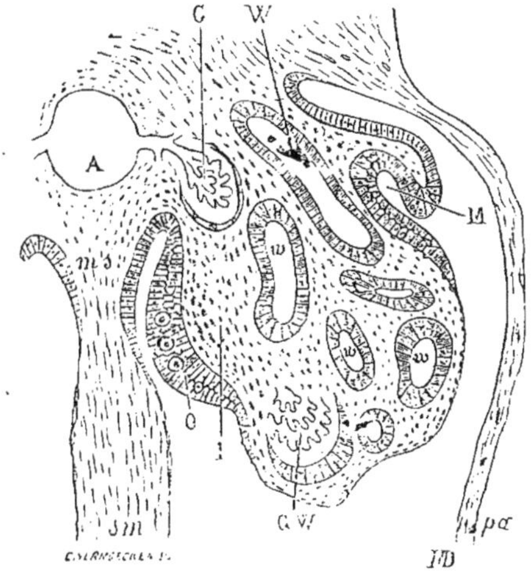

Pronéphros. — Le Pronéphros est consti-tué par quelques cana-licules métamériques à l'origine et dirigés trans-versalement dans l'é-paisseur de la « masse intermédiaire », ouverts d'un côté dans le canal de Wolff et de l'autre dans le cœlome (*splanch-nocèle*), par l'intermé-diaire d'entonnoirs ci-liés (néphrostomes).

Dans le voisinage immédiat des entou-noirs, se développe, sur le côté du mésentère, un *glomérule de Malpighi*, dont l'artériole provient de l'aorte abdominale.

Fig. 109 — Coupe transversale de l'éminence géni-tale d'un embryon de poulet de 4 jours (Wal-deyer). *A*, aorte; *ms*, *sm*, mésentère; *pa*, paroi ventrale; *G*, branche collatérale de l'aorte allant former un glomérule du corps de Wolff; *W*, coupe du canal de **Wolff**; *w, w,* coupe des canalicules du corps de Wolff; *G W*, un de ces canaux coiffant un glomérule; *1*, stroma de la glande génitale; *O*, épithélium de la glande génitale (épithélium germinatif avec ovules primordiaux); *M*, involution de l'épithé-lium cœlomique donnant naissance au canal de Müller.

Chez les poissons osseux, le pronéphros persiste toute la vie. Chez les amniotes, il disparaît au moment où se constitue le méso-néphros.

Mésonéphros. — Le deuxième rein (en date) se forme en arrière du pronéphros.

Au moment où les protovertèbres se séparent des plaques laté-rales, il se forme des canalicules ou des cordons cellulaires pleins disposés métamériquement, unis par une de leurs extrémités au canal de Wolff et par l'autre au cœlome.

Chez les vertébrés inférieurs (Sélaciens, Amphibiens) ce sont primitivement des canalicules s'ouvrant par leur extrémité externe dans le canal de Wolff et par leur extrémité interne dans le cœlome par un néphrostome.

Chez les Amniotes, ce sont des cordons pleins qui ne se creusent d'une lumière centrale qu'ultérieurement et qui ont perdu leur union primitive avec le cœlome.

Ces canalicules sont analogues aux *néphridies* des Vers.

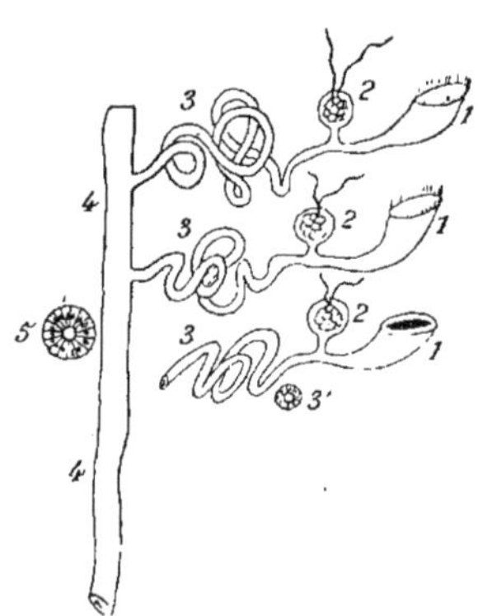

Fig. 110. — Origine du corps de Wolff. *1, 1*, néphrostomes; *2. 2*, glomérules de Malpighi; *3, 3*, canalicules segmentaires; *4, 4*, canal de Wolff; *3'* et *5'*, coupe transversale du canal de Wolff et d'un canalicule du corps de Wolff.

Dans tous les cas, ils constituent les canalicules du corps de Wolff (canaux contournés et canaux droits) sur le trajet desquels se développent les glomérules de Malpighi, dont le vaisseau afférent vient de l'aorte, le vaisseau afférent de la veine cardinale postérieure.

Le mésonéphros forme une saillie longitudinale de chaque côté du rachis connue sous le nom d'*éminence uro-génitale*. Cette saillie est creusée en dedans d'une fossette, *fossette génitale*, dans laquelle viendra se loger le testicule ou l'ovaire. Elle est recouverte par l'épithélium du cœlome, mais remarquable à ce niveau par la hauteur de ses cellules : c'est cette couverture épithéliale qui constitue l'*épithélium germinatif*.

Le mésonéphros, enfin, est rattaché à la paroi du corps en arrière par un large et court méso qui l'applique sur le rein, le *mésonéphron*. En haut, ce repli se continue jusqu'au diaphragme sous le nom de *ligament diaphragmatique* du corps de Wolff, en bas il rattache le mésonéphros à la région inguinale et porte le nom de *ligament inguinal* du corps de Wolff.

Au niveau de la glande génitale, il constitue un pli secondaire, le *mésotestis* ou le *mésourium*, selon les sexes, et se prolonge sur le cordon uro-génital formé par le canal de Wolff, le canal de Müller et l'uretère, sous le nom de *repli uro-génital* du mesonéphron.

Métanéphros. — Le rein définitif ou métanéphros, se forme plus tard, au niveau de la partie postérieure du mésonéphros.

Il procède, ou bien d'un bourgeonnement du bassinet selon le schème ordinaire à la formation des glandes, ou bien d'un bourgeonnement du bassinet qui fournit les calices (divisions primaires) et les tubes droits (divisions secondaires), et d'un prolongement de la partie postérieure du mésonéphros qui donnerait naissances aux tubes contournés et aux glomérules de Malpighi du rein.

Dans tous les cas l'uretère dérive d'un bourgeon dorsal de l'extrémité inférieure du canal de Wolff.

Les ébauches des reins se développent rapidement de haut en bas et cheminent le long de la face dorsale du corps de Wolff. En même temps, l'uretère (bourgeon rénal) se sépare complètement du canal du mésonéphros (canal de Wolff) et vient s'ouvrir à la face dorsale de l'allantoïde, c'est-à-dire dans la cavité de la vessie urinaire.

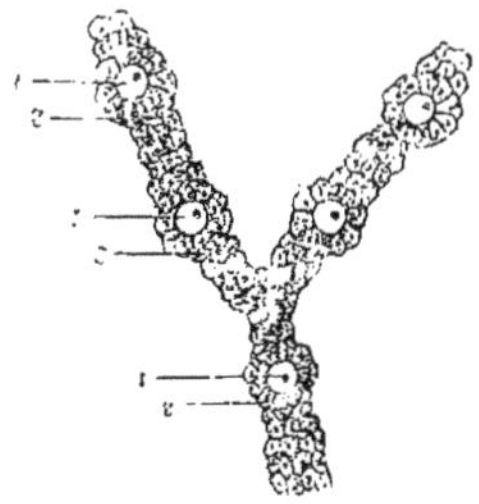

Le *canal de Müller*, enfin, se développe de haut en bas, par division longitudinale du canal de Wolff et persistance d'un canalicule Wolffien avec ouverture cœlomique suivant les uns, ou, suivant d'autres, d'une façon autonome de la cavité péritonéale vers le cloaque.

Fig. 111. — Schème destiné à montrer l'étranglement des tubes de Pflüger au niveau des ovules primordiaux. *1, 1, 1,* ovules primordiaux ; *2, 2,* cordons de Pflüger.

Glande génitale. — La glande génitale, celle qui donnera naissance selon les sexes à un ovaire ou à un testicule, dérive de l'invagination, dans la profondeur, de l'épithélium du cœlome, et de tubes qui se dégagent de l'extrémité supérieure (portion génitale) du corps de Wolff et vont à la rencontre de la glande génitale.

Ce sont les éléments de l'épithélium germinatif du cœlome qui, en proliférant dans la profondeur de la masse intermédiaire, donnent naissance aussi bien aux ovulomères qu'aux spermatomères. Ces éléments s'enfoncent dans la profondeur du mésoderme sous-jacent sous la forme de cordons, *tubes de Valentin-Pflüger* qui, chez le mâle, se transforment en canalicules du testicule et, chez la femelle, en follicules de Graaf, après qu'ils se sont segmentés.

Chez la femelle, à la suite de l'enchevêtrement des cordons de

Pflüger et du stroma de cellules conjonctives embryonnaires de la masse intermédiaire, il se forme des nids d'ovules qui se séparent finalement en un grand nombre de follicules primordiaux de Graaf renfermant chacun un seul ovule. Chez le mâle, à la suite d'un processus semblable, se forment des ampoules spermatiques (Sélaciens, quelques Amphibiens) ou des tubes testiculaires renfermant. des spermatomères.

Aussi bien les cellules spermatiques primordiales que les cellules ovulaires primordiales, sont donc sorties de l'épithélium germinatif.

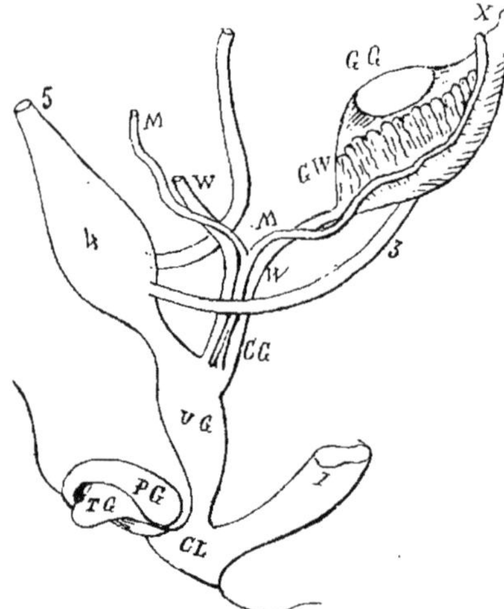

Fig. 112. — Organes génitaux de l'embryon avant la différenciation sexuelle. *GW*, corps de Wolff ; *W, W*, canal de Wolff; *M, M*, canal de Müller. *CG*, cordon génital; *UG*, sinus uro-génital; *TG*, phallus ; *CL*, cloaque ; *1*, rectum ; *3*, uretère ; *4*, vessie urinaire ; *5*, ouraque.

Il n'y a que les tubes droits et le réseau de Haller du testitule qui proviennent des canalicules supérieurs du corps de Wolff, c'est-à-dire que des tubes du corps de Wolff dérivent seulement les conduits excréteurs de la glande. Chez les Reptiles et les Oiseaux (Braun, Semon) comme chez les Amphibiens (Hoffmann), les cordons épithéliaux, *cordons génitaux du mésonéphros*, qui donnent naissance à ces tubes, se dégagent sous la forme de bourgeons des capsules de Bowmann.

Les canaux et les glandes du système uro-génital qui se forment de la même façon dans les deux sexes, se différencient ensuite et divergent, les uns se portant vers le type mâle, les autres vers le type femelle.

Chez le mâle, le canal de Wolff devient le canal déférent et le canal de l'épididyme; chez la femelle, il s'atrophie (canal de Gärtner) et disparaît presque en entier chez beaucoup de Mammifères. Chez les Amphibiens il sert d'uro-spermiducte (canal de Leydig).

Les canaux de Müller n'accomplissent aucune fonction chez le mâle ; il n'en persiste que des vestiges dans l'hydatide de l'épididyme et l'utricule prostatique ou vagin mâle. Chez la femelle, ils se transforment en appareil excréteur de l'ovaire, donnant l'oviducte par leur partie supérieure et le canal utéro-vaginal par leur partie inférieure. Par leur portion inférieure, les deux canaux de Müller se fusionnent en effet pour donner l'utérus et le vagin.

Le développement du canal de Müller explique les anomalies de *plusieurs pavillons* (persistance d'un état embryonnaire très précoce) de la trompe de Fallope. Les arrêts de fusionnement de ces canaux, donnent également facilement la clef des anomalies de l'utérus et du vagin, de la duplicité complète (forme de certaines Rongeurs) à l'utérus bipartite et à l'utérus bicorne (forme des Carnassiers et des Ruminants).

La partie antérieure du mésonéphros, celle qui produit les cordons génitaux, se maintient chez le mâle et constitue le canal de la tête de l'épididyme. Le reste de l'organe s'atrophie et devient le paradidyme (organe de Giraldès). Chez la femelle, ces deux parties du mésonéphros s'atrophient et se présentent sous l'aspect de l'époophore ou corps de Rosenmüller (homologue de l'épididyme) et du paroophore (homologue du paradidyme).

Les glandes génitales, développées dans la région lombaire, n'y demeurent pas. L'ovaire comme le testicule descendent (*migration de l'ovaire, migration du testicule*), l'ovaire dans le bassin, le testicule dans les bourses. Dans cette descente, ils entraînent leurs conduits excréteurs. Ce changement de place, explique que les artères et les veines spermatiques et utéro-ovariennes viennent de si haut.

Dans ce mouvement de descente des glandes génitales, le ligament inguinal du mésonéphros (gubernaculum de Hunter chez le mâle, ligament rond de l'utérus chez la femelle) semble jouer le rôle d'entraîneur. Tendu au-dessous du péritoine, entre le corps de Wolff et la région inguinale, après avoir traversé la paroi abdominale, il va se terminer dans la peau des bourrelets génitaux.

Le testicule, après avoir suivi le trajet de ce ligament, s'engage quelque temps avant la naissance, dans un diverticule du péritoine (diverticule vaginal) qui traverse la paroi abdominale et descend dans l'intérieur du bourrelet génital (sac scrotal). Plus tard, le canal vagino-péritonéal ainsi formé et traversant le canal inguinal, se ferme et le diverticule vaginal qui enveloppe le testicule (tunique vaginale) se sépare complètement de la cavité péritonéale.

La migration du testicule (par suite d'arrêts dans le mouvement) explique les cas d'*anorchidie, cryptorchidie, monorchidie.*

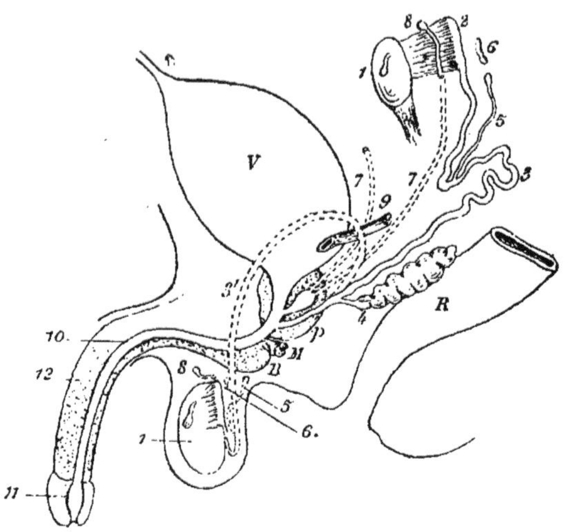

Fig. 113. — L'appareil génital interne du mâle avant et après la descente du testicule. *V*, vessie urinaire; *R*, rectum; *B*, bulbe de l'urèthre; *M*, glandes de Cooper; *p*, prostate; *1, 1*, testicule avec le gubernaculum; *2*, épididyme : *3, 3'* canal déférent (ancien canal de Wolff); *4*, vésicule séminale; *5*, *vas aberrans; 6, 6*, corps de Giraldès; 7, 7, conduits de Müller disparus dans leur partie moyenne (en pointillé); *8, 8*, hydatide pédiculée de Morgagni; *9*, uretère; *10*, canal de l'urèthre; *11*, fosse naviculaire; *12*, corps caverneux de la verge.

Les diverses couches du sac scrotal (*enveloppes du testicule*) correspondent aux différentes couches de la paroi abdominale, d'après l'homologie suivante :

Enveloppes du testicule	*Paroi abdominale*
Scrotum et dartos	Peau
Fascia de Cooper	Fascia superficialis
Tunique celluleuse commune et crémaster	Couche musculaire et fascia transversalis
Tunique vaginale	Péritoine

Les *organes génitaux externes* qu'il nous reste à envisager, se développent, dans l'un comme l'autre sexe, aux dépens d'une ébauche unique, au pourtour du cloaque. Ils sont construits dans la somatopleure.

Le *cloaque*, je le rappelle, est une cavité située à l'extrémité postérieure de l'embryon et dans laquelle débouchent l'intestin terminal (rectum) et le pédicule de l'allantoïde, c'est-à-dire le sinus uro-génital.

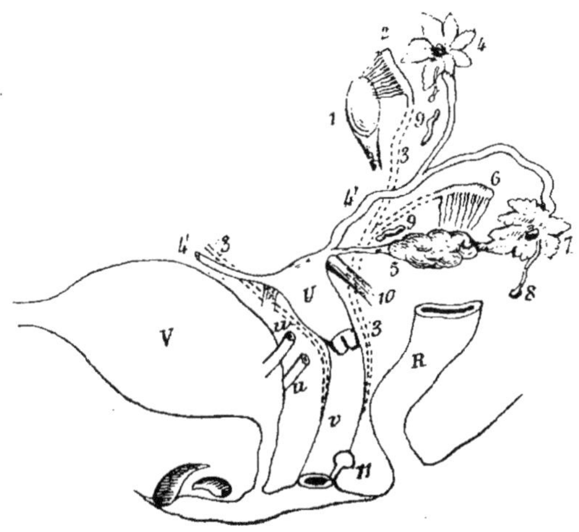

Fig. 114. — L'appareil génital interne de la femme avant et après la descente de l'ovaire. *1* et *5*, ovaire; *V*, vessie; *u, u*, uretères; *U*, utérus; *v*, vagin; *R*, rectum; *2* et *6*, corps de Rosenmüller; *3, 5*, canal de l'époophore, canal de Gaertner (débris du canal de Wolff) ; *4* et *7*, pavillon de la trompe de Fallope ; *4, 4'*, oviductes; *8*, hydatide de la trompe; *9, 9*, parovaire; *10*, ligament rond de l'utérus; *11*, glande de Bartholin.

Ce cloaque est subdivisé par des replis saillants qui marchent à l'encontrent l'un de l'autre à la façon de deux rideaux qu'on tire l'un vers l'autre, en un canal antérieur en continuité avec le sinus uro-génital, et en un canal postérieur en continuité avec le rectum (anus). La cloison de séparation ainsi constitué, c'est le *périnée*.

Au bord antérieur du cloaque, ou, si on le préfère, au bord antérieur du sinus uro-génital lorsque le cloaque s'est subdivisé, se forme, dans les deux sexes, un tubercule saillant, *tubercule génital*, dont la face inférieure est creusée d'un sillon médian

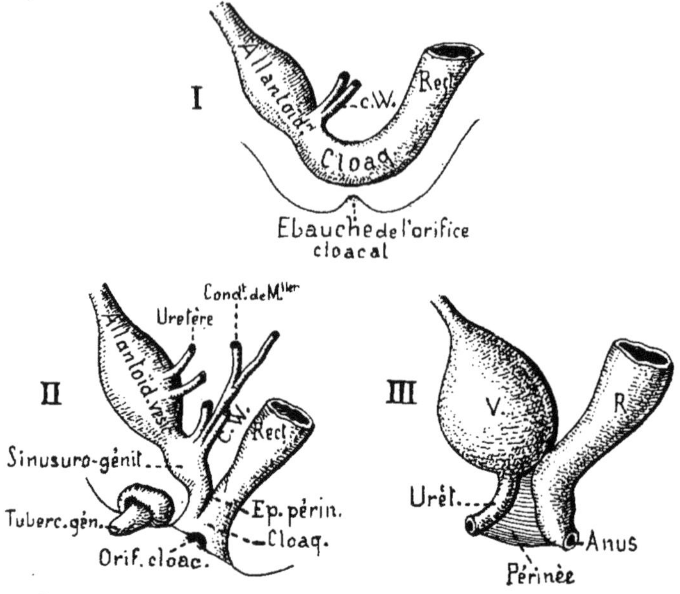

Fig. 115. — Formation de l'anus, du périnée et du canal uro-génital. *I*, période cloacale; *II*, période de l'éperon périnéal; *III*, période de la séparation complète du canal anal et du canal génito-urinaire.

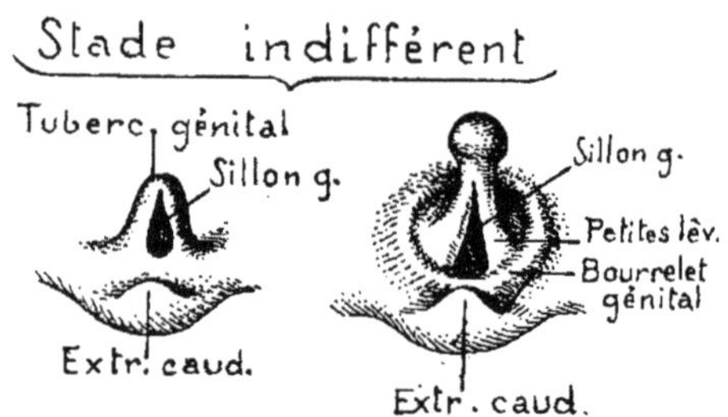

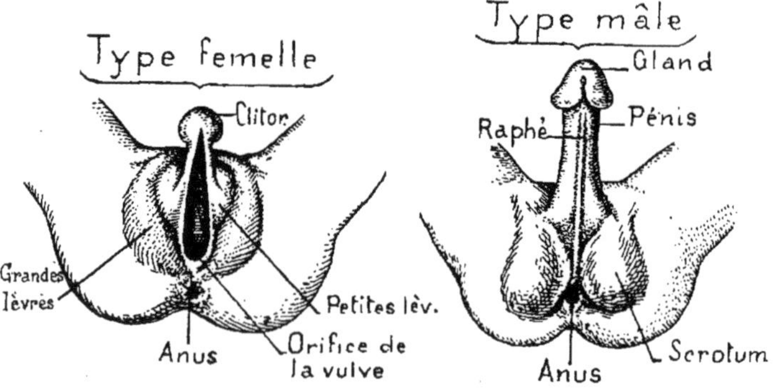

Fig. 116. — Développement des organes génitaux externes.

(sillon génital) bordé de chaque côté par une lèvre *(repli génital)*. Ce tubercule, dont le sillon donne accès dans le sinus uro-génital, est entouré par deux gros bourrelets cutanés, les *bourrelets génitaux*.

Chez la femelle, le tubercule reste petit et devient le clitoris ; les replis génitaux se transforment en petites lèvres ou nymphes ; les bourrelets génitaux en grandes lèvres. Le sinus uro-génital reste court et large ; il forme le vestibule du vagin où débouchent le vagin (canaux de Müller) et le pédicule de l'allantoïde (canal de l'urèthre).

Chez le mâle, le tubercule génital grandit beaucoup ; il forme la verge. Les replis génitaux se réunissent l'un à l'autre par leurs bords en transformant de la sorte le sillon génital en un canal étroit, qui apparaît comme un prolongement du sinus uro-génital qui reste beaucoup plus étroit que dans le sexe féminin. Ce canal et le canal uro-génital, avec lequel il se continue, constituent le canal de l'urèthre du mâle, formé ainsi dans sa partie périnéale par le sinus uro-génital lui-même, et dans sa partie extérieure par le canal pénien (portion spongieuse, portion phallique).

Dans la partie initiale du canal de l'urèthre (sinus uro-génital) débouchent les canaux déférents (canaux éjaculateurs) et le vagin mâle (utricule prostatique). Les deux bourrelets génitaux, qui se sont développés à la suite de la descente des testicules, entourent la racine de la verge et s'unissent sur la ligne médiane (raphé scrotal) pour former le sac scrotal bilobé et à double compartiment latéral.

L'absence de fermeture du sillon génital donne lieu à l'*hypospadias* et à une série de malformations des organes génitaux externes qui peuvent conduire à l'*hermaphrodisme* externe.

III. Organes surrénaux (Capsules surrénales).

Les glandes surrénales ne sont encore que mal connues dans leur origine.

Certains auteurs acceptent que leur substance corticale dérive de l'extrémité antérieure du mésonéphros par bourgeonnement latéral et isolement secondaire des cordons du mésonéphros (cordons surrénaux). La substance médullaire de ces glandes semble provenir de cellules des cordons du grand sympathique.

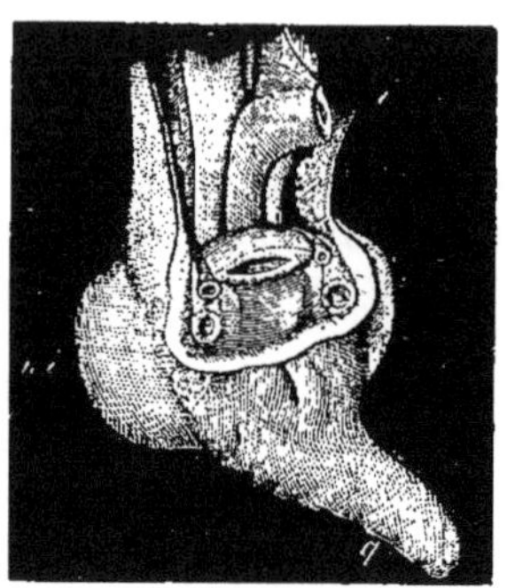

Fig. 117. — Développement de l'extrémité caudale de l'embryon humain. *i*, rectum au-dessous duquel on voit la section de l'ouraque et des vaisseaux ombilicaux, et plus bas encore, l'orifice cloacal; *q*, queue; *mi*, bourgeon du malibre inférieur; *p*, tubercule génital parcouru à sa face inférieur par le sillon génital qui aboutit au canal uro-génital; *b*, bourrelet génital; *a*, anus.

Ces organes sont précoces. Ils doivent jouer un rôle actif chez l'embryon, car pendant longtemps ils sont plus volumineux que les reins.

IV. Organes dérivés du mésoderme mésenchymateux

Tissu de remplissage et de soutènement, système vasculaire

A côté des 4 feuillets épithéliaux nous avons dit qu'il y avait lieu de distinguer un feuillet intermédiaire spécial, ou plutôt une partie du mésoderme qui joue le rôle de tissu de remplissage et de soutien et s'infiltre entre les feuillets épithéliaux. Ce feuillet, c'est le *mésenchyme*.

Lorsque les feuillets épithéliaux se plissent, le mésenchyme pénètre dans les plis ; lorsqu'ils s'invaginent pour donner naissance à des tubes, aux muscles, à des glandes, aux vésicules sensorielles, le mésenchyme fournit à chacun de ces organes une enveloppe spéciale, méninges pour le tube neural, périmysium pour les muscles, charpente conjonctive pour les glandes, etc.

Le mésenchyme donne naissance aux tissus de substance conjonctive (tissu fibreux, tissu cartilagineux, tissu osseux), au système vasculaire.

Grâce à son grand pouvoir de transformation — et en vertu de sa différenciation histologique et de sa plasticité — il peut, en commençant par le tissu muqueux (cordon ombilical, état primitif du squelette, etc.) se transformer en tissu fibreux ou en tissu cartilagineux qui, à leur tour, peuvent donner du tissu osseux.

TISSUS CONJONCTIFS

(tissu fibreux, tissu cartilagineux, tissu osseux).

Le tissu muqueux est le précurseur et la souche de tous les autres tissus de substance conjonctive. Sa texture est simple. Il est constitué par de nombreuses cellules anastomosées par des prolongements protoplasmiques radiés et ramifiés en tous sens, entre lesquels est plongée une substance fondamentale homogène, molle, transparente, formée de mucine.

Chez les animaux supérieurs ce tissu se transforme tôt ou tard, soit en tissu fibreux, soit en tissu cartilagineux.

Pour passer à l'état fibreux, sa substance fondamentale se transforme, par l'activité des cellules du tissu muqueux, en tissu fibrillaire qui, à la coction, donne de la gélatine. Ici, il fournit le derme de la peau, là le chorion de l'intestin, ailleurs les aponévroses et les tendons des muscles.

Le cartilage naît par une abondante prolifération cellulaire. Ses cellules sécrètent de la chondrine, substance fondamentale du cartilage, qui prend la place de la mucine. Ce tissu nouveau est beaucoup plus résistant que les tissus muqueux et fibreux. Aussi sert-il à maintenir béants certains canaux (larynx, arbre trachéo-bronchique), à protéger certains organes importants (capsule crânienne, capsule du labyrinthe, etc.) ou à soutenir le corps (squelette cartilagineux).

Enfin, les tissus fibreux et cartilagineux peuvent sécréter des sels calcaires et s'élever au rang de tissu osseux. Les os procèdent en effet, soit d'une ébauche fibreuse (os de membrane) soit d'une ébauche cartilagineuse (os de cartillage).

Enfin, le mésenchyme organisé dès le début en tissu muqueux ou conjonctif embryonnaire, suivant l'expression consacrée, peut encore, en se creusant de lacunes et de canaux dans lesquels circulent la lymphe et le sang, donner naissance au système vasculaire.

SYSTÈME VASCULAIRE

Premiers vaisseaux. — Sang. — Cœur. - Artères. — Veines. — Vaisseaux lymphatiques.

I. PREMIERS VAISSEAUX ET SANG

Les premiers vaisseaux apparaissent en dehors de l'ébauche embryonnaire, dans l'épaisseur de l'aire opaque.

Ils débutent par des amas de cellules mésodermiques qui s'unissent entre eux sous la forme d'un réseau. Les cellules les plus superficielles de ces *cordons vasculaires* s'aplatissent et se transforment en cellules endothéliales, c'est-à-dire qu'elles constituent l'ébauche d'une *paroi vasculaire*. Les plus profondes se chargent d'hémoglobine et se transforment progressivement en *hématies* embryonnaires nucléées (érythroblastes). Ces hématies sont surtout abondantes au point de croisement des cordons vasculaires. Elles y forment ce que l'on a appelé, après Wolff et Pander, les *îles de sang*.

Bientôt des fissures apparaissent à l'intérieur de la masse des cordons vasculaires : c'est là l'origine de la cavité vasculaire.

Vers la fin du deuxième mois de la vie embryonnaire chez l'homme, on voit apparaître les premiers globules rouges dépourvus de noyau (plastides rouges). Clairsemés à cette époque, ils l'emporteront en nombre sur les autres à partir du 4e mois.

Ces éléments se multiplient par division.

Les globules blancs n'apparaissent qu'après les hématies, et le plasma se montre en même temps que la lumière du vaisseau.

L'extension des vaisseaux se fait par *poussées latérales*.

Les animaux qui possèdent un cœlomésoderme enterocœlien double, à la fois épithélial et mésenchymateux, ont, nous l'avons vu, deux sortes de tissus mésodermiques : l'un entoure le cœlome entérocœlien, l'autre qui constitue le tissu conjonctif du corps circonscrivant les espaces schizocœliens. Ils ont également une cavité générale ou oligocœlome d'origine entérocœlienne et un polyocœlome modifié d'habitude en appareil circulatoire (vertébrés), dérivant d'un schizocœle. Or, chez ces animaux, il y a un somato-mésenchyme entre l'ectoderme et la somatopleure, et un splanchno-mésenchyme entre l'endoderme et la splanchnopleure. L. Vialleton a démontré, en effet, chez l'embryon de poulet, que les premiers vaisseaux sanguins se différencient dans l'œuf dans une sorte de feuillet spécial (germe vasculaire) sous-jacent au mésoderme. Ils sont représentés primitivement par un réseau de cordons pleins unique pour le germe lui-même et ses accessoires. Le reploiement des feuillets sépare ultérieurement la portion extra-embryonnaire du réseau (qui s'est creusé en canaux) de la portion intra-embryonnaire. Il n'y a donc pas lieu de se demander si c'est l'aire embryonnaire ou l'aire extra-embryonnaire qui se vascularise la première.

PREMIÈRE CIRCULATION

Circulation omphalo-mésentérique ou circulation
de la vésicule ombilicale

Lorsque les réserves deutoplasmiques des blastomères sont épuisées, il faut bien que le *germe* puisse s'alimenter ailleurs.

L'embryon va prendre ses aliments dans le contenu de la vésicule ombilicale. C'est l'objet de la circulation vitelline.

A ce sujet, on voit poindre dans l'épaisseur des parois de la vésicule ombilicale (lame fibro-intestinale) un réseau capillaire au niveau duquel se fera l'absorption des réserves contenues dans la vésicule. Ce réseau, c'est l'air vasculaire. Il est plus ou moins étendu. Chez l'Homme, les Carnassiers, les Ruminants, il occupe toute l'étendue de la vésicule ; chez le lapin, chez les ovipares, il est limité au pourtour de l'ébauche embryonnaire.

Lorsqu'il a atteint son complet développement, le réseau vasculaire est limité par un vaisseau circulaire, le *sinus terminal*. Du réseau partent deux gros troncs veineux qui, rampant dans l'épaisseur du feuillet fibro-intestinal, vont au niveau du corps de l'embryon, se jeter dans l'extrémité inférieure du tube cardiaque. Ce sont les *veines vitellines* ou *veines omphalo-mésentériques*. Au même réseau aboutissent deux artères qui vont, dans le corps de l'embryon, se jeter dans les aortes descendantes : ce sont les *artères omphalo-mésentériques* ou *artères vitellines*.

Dans le corps de l'embryon, on voit sortir de l'extrémité

supérieure du tube cardique (*bulbe artériel ou bulbe aortique*), deux gros troncs artériels, les *aortes primitives* ou *artères vertébrales*, qui montent d'abord dans la paroi antérieure de l'intestin céphalique

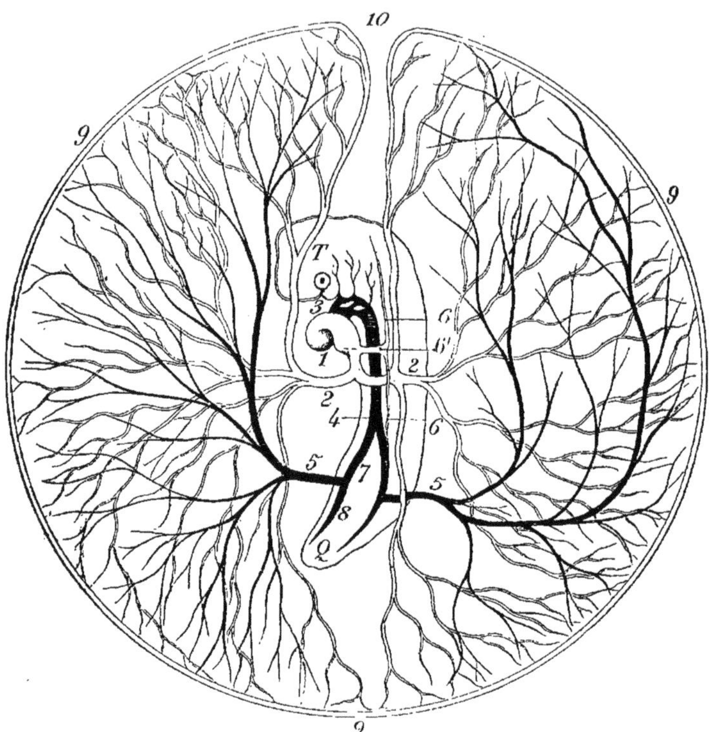

Fig. 118. — [Schème de la circulation omphalo-mésentérique (1re circulation) du Poulet à la fin du 3e jour. *T*, tête, et *Q*, queue de l'embryon ; *1*, cœur tordu sur lui-même ; *2*, veines omphalo-mésentériques ; *3*, arcs aortiques ; *4*, aorte descendante arrivée en partie à l'unité ; *5*, artères omphalo-mésentériques ; *6*, veines cardinales ; *6'* canal de Cuvier ; *7, 8*, les deux aortes descendantes primitives ; *9, 9*, sinus circulaire ; *10*, lacune céphalique de l'aire vasculaire. Les artères sont en traits pleins, les veines en double trait.

(*aortes ascendantes*), puis s'engagent dans le premier arc branchial, en contournant le cul-de-sac de l'intestin postérieur (*crosses des aortes*), et de là, descendent le long de l'embryon, de chaque côté de la tige vertébrale (*aortes descendantes*). De ces aortes primitives, se détachent de nombreuses artérioles qui se répandent dans tout le corps de l'embryon.

Là, le sang est repris par un système de veines, les *veines cardinales*, logées dans la paroi postérieure du tronc. Ces veines constituent deux troncs longitudinaux, s'étendant de la tête à l'extrémité caudale de l'embryon. Au dessus du cœur, elles sont appelées *veines cardinales supérieures* ; au-dessous, *veines cardinales inférieures*. En regard du cœur, elles donnent naissance à un tronc qui se porte transversalement à la veine omphalo-mésentérique correspondante : ces deux troncs unissant les veines cardinales au cœur (sinus veineux), ce sont les *canaux de Cuvier*.

Au début, le réseau de l'aire vasculaire se prolonge à l'intérieur du corps de l'embryon, dans l'épaisseur de la splanchnopleure jusqu'aux aortes primitives. Celles-ci sont donc, à ce moment, largement unies aux vaisseaux de l'aire vasculaire. Ces anastomoses diminuent progressivement et se réduisent finalement à deux troncs, les *artères omphalo-mésentériques*.

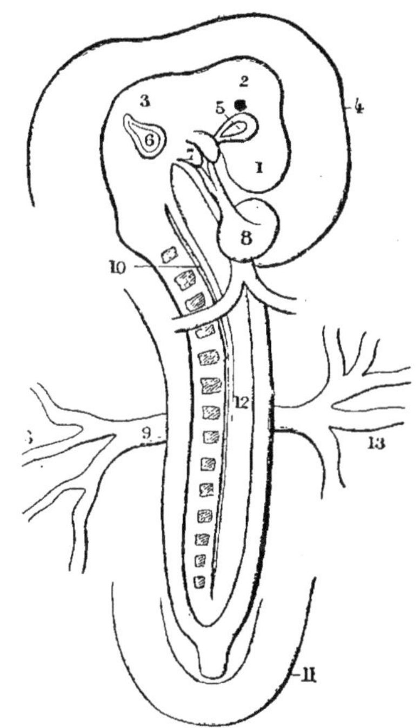

Fig. 119. — Embryon de poulet de 66 h. *Grossi 12 fois*. *1*, *2*, *3*, vésicules cérébrales; *4*, repli céphalique de l'amnios; *5*, vésicule optique; *6*, vésicule auditive; *7*, arcs branchiaux; *8*, cœur avec les arcs aortiques et les veines omphalo-mésentériques à sa base; *9*, artères omphalo-mésentériques; *10*, corde dorsale; *11*, repli caudal de l'amnios.

Chez l'homme, vers le trente-cinquième jour, il ne reste plus que l'artère omphalo-mésentérique droite; chez le lapin, au dixième jour, ne persiste plus que l'artère gauche.

DEUXIÈME CIRCULATION

(*Circulation allantoïdienne*)

Les réserves de la vésicule ombilicale épuisées, l'embryon serait « mort de faim » si une nouvelle circulation ne lui avait permis d'aller puiser à un nouveau « grenier d'abondance ».

C'est l'objet de la deuxième circulation.

L'allantoïde, en poussant dans la cavité du cœlome externe, et en se portant vers la région ecto-placentaire du chorion fœtal, entraîne les extrémités inférieures des deux aortes primitives qui se ramifient dans le bourrelet allantoïdien (lame fibro-cutanée). Ces extrémités des aortes entraînées partiellement vers les annexes de l'embryon, c'est l'origine des *artères allantoïdiennes, ombilicales* ou *placentaires*, qui vont se ramifier dans l'allanto-chorion.

Ces artères donnent naissance dans les villosités allanto-choriales, à un réseau capillaire et, au delà, à des veines qui aboutissent à deux gros troncs : ce sont les *veines allantoïdiennes, ombilicales* ou *placentaires*. Ces veines pénètrent dans le corps de l'embryon par l'ouverture ombilicale et s'élèvent dans l'épaisseur de la lame fibro-cutanée. Parvenues au niveau du repli-cardiaque, elles abandonnent la somatopleure, se coudent et se portent en dedans en s'engageant dans l'épaisseur des mésocardes latéraux et vont se jeter dans les veines omphalo-mésentériques tout près de leur abouchement dans le sinus veineux du cœur.

DÉVELOPPEMENT DU CŒUR

Le cœur se forme, chez tous les vertébrés, dans la région cervicale, en arrière de la dernière paire d'arcs branchiaux.

Il apparaît dans l'épaisseur de la paroi antérieure de l'intestin céphalique sous la forme de deux ébauches distinctes qui se rapprochent et s'unissent pour donner lieu au tube cardiaque primitif.

Chez les Cyclostomes, les Sélaciens, les Ganoïdes et les Amphibiens la première ébauche du cœur est unique. L'ébauche double dérive de ce type. Le cœur n'est en effet qu'une partie du gros vaisseau ventral des vertébrés primaires, dont les parois musculaires ont pris un développement particulier.

Si chez les Vertébrés supérieurs, il est double au début, c'est parce que chez eux, au moment où se développe le cœur, les bords du pharynx ne se sont pas encore rapprochés. La gouttière intestinale n'est pas fermée, le plancher de l'intestin céphalique n'est pas formé, il en résulte que l'ébauche du cœur développé dans chacun des bords du pharynx sera double, composée de deux moitiés latérales qui ne peuvent se réunir que lorsque l'intestin antérieur sera fermé par sa face ventrale.

Inférieurement les deux tubes cardiaques se continuent avec les veines omphalo-mésentériques qui ramènent à l'embryon le sang de l'aire vasculaire. Quand, par rapprochement des bords de l'aditus anterior les deux tubes se sont rejoints et unis, l'extrémité inférieure du tube unique qui en résulte, se continuera avec les deux veines vitellines ; son extrémité supérieure se continue avec le bulbe aortique.

Le rapprochement des bords de l'aditus anterior, la soudure des deux ébauches cardiaques, la disparition de la cloison interposée s'opèrent en l'espace de quelques heures chez l'embryon de lapin.

Le cœur, ainsi apparu dans l'épaisseur de la face ventrale de l'intestin antérieur, pousse dans le mésentère ventral, fait saillie dans le cœlome, et divise le mésentère ventral en mésocarde antérieur (qui s'atrophiera plus tard) et en mésocarde postérieur.

La séreuse interne (endocarde) dérive de l'endothélium vasculaire ; le myocarde du mésoderme ou mésenchyme de la splanchnopleure, le péricarde viscéral de l'endothélium du cœlome.

Le tube cardiaque simple se transforme, chez tous les Amniotes, en un cœur double, composé de deux oreillettes et de deux ventricules, un cœur à sang rouge (cœur gauche) et un cœur à sang noir (cœur droit).

Pour cela, il subit toute une série de transformations qui consistent : 1° en inflexions, rétrécissements et changements de position ; 2° en formation de cloisons à l'intérieur de sa cavité.

En premier lieu, le tube cardiaque primitivement droit s'infléchit. Cette inflexion est déterminée par son allongement. Lorsqu'elle est faite, le tube cardiaque a pris la forme d'un S couché (∽) dont le coude ventral ou portion artérielle se porte en bas et à droite, le coude dorsal ou portion veineuse en haut et à gauche.

Ces deux portions se continuent l'une avec l'autre par une portion rétrécie qu'on a appelée le *canal auriculaire*. Dès ce moment, on peut donc appeler ces deux portions *oreillette* et *ventricule* primitifs du cœur.

L'*oreillette primitive* communique en bas avec le sinus veineux,

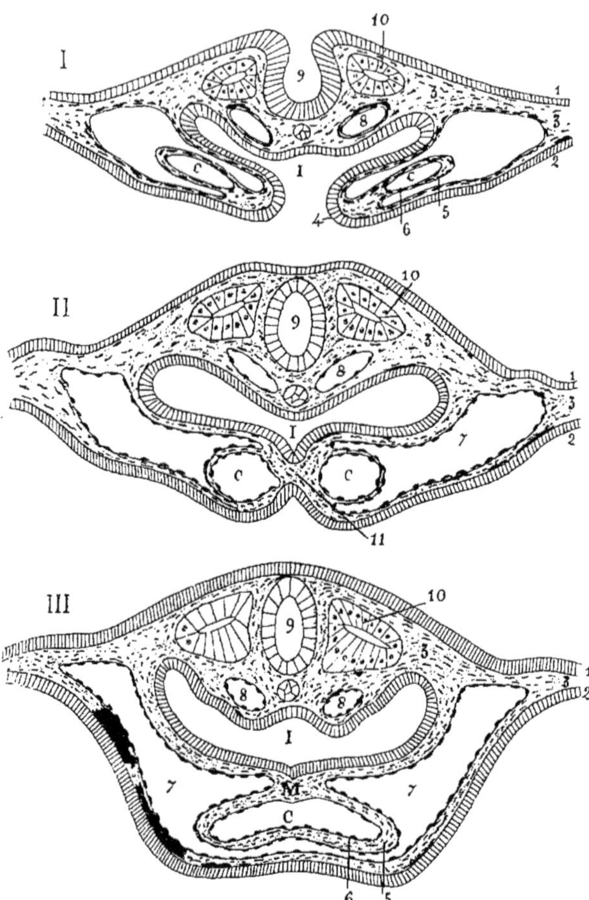

Fig. 120. — **Diagrammes montrant la formation du cœur par soudure, sur la ligne médiane, de deux ébauches latérales. Trois stades successifs.** *I*, intestin céphalique; *C*, cœur; *1*, ectoderme; *2*, endoderme; *3*, mésoderme; *4*, repli de la lame planchnique à l'intérieur duquel est logé le tube procardique *c*; *5*, endocarde; *6*, mésocarde; *7*, cavité pariétale ou péricardique; *8*, aortes descendantes; *9*, tube médullaire; *10*, protovertèbres; *11*, mésocarde (soudure des deux lames splanchniques droite et gauche) qui dans la fig. *III*, ne persiste que dans sa région dorsale *(M)*.

par un orifice rétréci bordé d'une valvule ; c'est la *valvule du sinus veineux*.

La branche ventrale de l'S cardiaque présente aussi un léger étranglement en son milieu ; c'est le *détroit de Haller* qui séparera le ventricule primitif du bulbe aortique.

Enfin, l'oreillette émet deux évaginations latérales, les *auricules*, qui entourent, d'arrière en avant, le bulbe artériel.

Le cœur mono-ventriculaire et mono-auriculaire se dédouble ensuite.

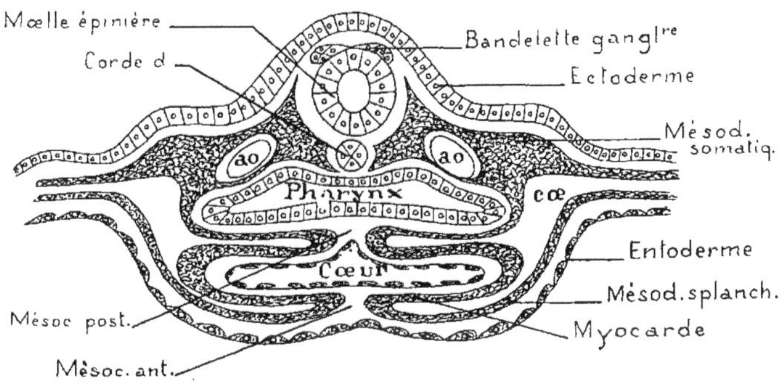

Fig. 121. — Coupe transversale de l'embryon au niveau du cœur montrant comment quand les lames myocardiques se sont réunies et soudées sur la ligne médiane, le cœur a acquis sa paroi musculaire, et comment, quand le cœlome *(cœ)* s'est cloisonné sur le côté, il est enveloppé dans une cavité, le péricarde, dépendance du cœlome.

C'est d'abord l'oreillette qui se partage en deux moitiés latérales par suite du développement d'une cloison verticale qui s'avance en forme de croissant de la face postérieure de l'oreillette à la rencontre de la paroi antérieure et de l'orifice du canal auriculaire. C'est la cloison interauriculaire, dont une partie reste incomplète durant l'âge fœtal pour former le *trou de Botal*. La valvule de ce trou (valvule du trou de Botal) est formée par le bord postérieur aminci du trou et le bord antérieur épaissi constitue la *valvule de Vieussens*.

En se développant de haut en bas, la cloison interauriculaire rejoint en avant et en arrière le bord du canal auriculaire qu'elle divise en un *orifice auriculo-ventriculaire gauche* et *orifice auriculo-ventriculaire droit*.

Peu après, une cloison interventriculaire (fin du 1er mois chez l'homme), qui procède de la paroi inférieure du ventricule divise à son tour le ventricule primitif en deux chambres latérales, le *ventricule droit* et le *ventricule gauche* du cœur. Cette cloison en se portant vers le canal auriculaire, en regard de la cloison interauriculaire, met désormais en relation l'oreillette et le ventricule correspondant par l'orifice auriculo-ventriculaire.

Le bulbe artériel se divise de son côté en artère pulmonaire et en aorte ascendante, grâce à la formation d'une cloison spéciale qui se développe de haut en bas et s'unit à la cloison interventriculaire.

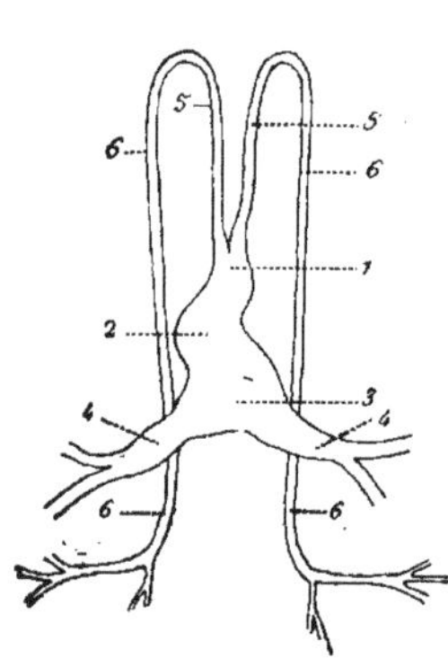

Fig. 122. — Le cœur en voie de développement. *1*, bulbe artériel ; *2*, ventricule ; *5*, oreillette ; *4*, *4*, veines omphalo-mésentériques ; *5*, *5*, les deux aortes ventrales ou ascendantes ; *6*, *6*, les deux aortes dorsales ou descendantes.

Pendant un certain temps la cloison artérielle ne rejoint pas complètement en bas la cloison interventriculaire (qui se développe en montant). Il en résulte un trou par lequel communiquent ensemble pendant quelque temps les deux cavités ventriculaires : c'est le *trou de Panizza* qui persiste durant toute la vie chez les Reptiles.

La cloison du bulbe, en s'abaissant, décrit un trajet en spirale : c'est pour cette raison que des deux canaux qui résultent du cloisonnement du bulbe, l'un, l'antérieur (artère pulmonaire), communique d'une part avec le ventricule droit et l'autre avec le 5e arc aortique gauche, tandis que le canal postérieur (aorte ascendante) se trouve en relation avec le ventricule gauche et le 4e arc aortique de chaque côté.

Petit à petit le sinus veineux disparaît en participant à la constitution de la paroi postérieure de l'oreillette droite. La veine cave inférieure, la veine cave supérieure, la veine coronaire débouchent dès lors par autant d'orifices distincts à l'intérieur de l'oreillette. Des deux valves qui bordaient l'orifice du sinus veineux, la valve droite persiste en partie et forme la *valvule d'Eustachi*, qui garnit l'embouchure de la veine cave inférieure, ainsi que la *valvule de Thébésius*, qu'on trouve à l'embouchure de la veine coronaire.

L'oreillette gauche ne reçoit d'abord qu'une seule veine, mais par la suite, ce tronc commun des veines pulmonaires est absorbé par la paroi de l'oreillette, et dès lors, les quatres veines pulmonaires débouchent deux par deux dans la cavité de l'oreillette gauche.

Autour des orifices auriculo-ventriculaires et de l'orifice artériel se forment les premiers rudiments des valvules auriculo-ventriculaires et sigmoïdes, sous la forme d'épaississements de l'endocarde (*bourrelets valvulaires*) qui proéminent à l'intérieur des cavités de cœur.

Les valvules sigmoïdes développées au niveau du détroit de Haller, sont d'abord au nombre de quatre. La descente de la cloison du bulbe artériel, dédouble les deux valvules latérales. Il en résulte que chacun des canaux dérivés du cloisonnement du bulbe, aorte et artère pulmonaire, sera pourvu, à son embouchure, de trois valvules.

Les *artères coronaires* dérivent d'un bourgeon du bulbe aortique.

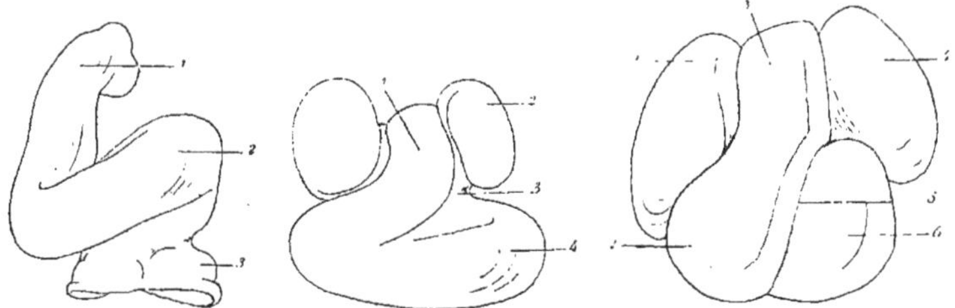

Fig. 123. — Torsion, incurvation et cloisonnement du cœur. *A)* 1, bulbe artériel; 2, ventricule; 3, oreillette. *B)* 1, bulbe artériel; 2, oreillette; 3, canal auriculaire; 4, ventricule. *C)* 1, oreillette droite; 2, ventricule droit; 3, bulbe artériel; 4, oreillette gauche; 5, sillon interventriculaire; 6, ventricule.

L'étude du développement du cœur dans la série zoologique comparée au développement ontogénique du même organe, est une de celles qui évoquent le plus l'idée que l'évolution embryonnaire n'est qu'une récapitulation brève et abrégée du développement dans la série animale. L'embryogénie, l'anatomie comparée et la tératologie, s'unissent ici mieux que partout ailleurs, peut-être, pour appuyer la doctrine de la descendance. Les anomalies du cœur, depuis l'ectopie simple jusqu'aux anomalies les plus complexes dans la forme de l'organe (persistance d'un cœur mono-ventriculaire ou mono-auriculaire, persistance du canal artériel ou du trou de Botal, malformation valvulaire, etc.), découlent d'arrêts ou d'altérations de développement.

PÉRICARDE — DIAPHRAGME

Division du cœlome en cavité péricardique, pleurale et abdominale.

Nous savons que les grosses veines qui vont des enveloppes fœtales au fœtus, à savoir les veines omphalo-mésentériques et les veines ombilicales, rampent, les veines omphalo-mésentériques dans l'épaisseur de la splanchnopleure, les veines ombilicales dans l'épaisseur de la somatopleure. Dans presque toute l'étendue de leur trajet dans le corps de l'embryon, elles sont donc séparées l'une de l'autre par la cavité pleuro-péritonéale.

Mais à mesure que ces veines grossissent, elles font saillie dans la cavité pleuro-péritonéale. Au point d'abouchement des veines ombilicales dans les veines omphalo-mésentériques, les deux saillies du mésoderme que détermine la présence de ces veines se rencontrent et se réunissent. Il en résulte que la somatopleure se trouve réunie, en ce point et de chaque côté, à la splanchnopleure par un pont appelé *mésocarde latéral*.

Les mésocardes latéraux ne restent pas limités aux parties latérales de l'embryon ; ils se prolongent en avant suivant les cornes du sinus veineux et rejoignent le bord inférieur du repli cardiaque où ils s'épaississent considérablement.

Cette cloison qui se développe sous la forme d'un croissant du pourtour crânial de l'ouverture ombilicale et se porte progressivement en arrière, c'est le *septum transversum*, sur lequel vient tomber en haut le mésocarde ventral et dont le développement est intimement lié à celui des veines, et en bas le mésogastre ventral.

A ce moment, la cavité pleuro-péritonéale primitive a commencé sa division en *cavité pleuro-péricardique* et *cavité péritonéale*.

Le *septum transversum* reliant ainsi la splanchnopleure à la somatopleure et adhérant seulement en avant à la paroi du corps, laisse en arrière de lui deux orifices latéraux, situés de chaque côté du mésocarde dorsal, par lesquels la cavité pleuro-péricardique communique avec la cavité péritonéale. Ces orifices, ce sont les *orifices pleuro-péritonéaux*.

C'est dans l'épaisseur du mésogastre ventral et du septum transversum que se ramifient les bourgeons hépatiques. Toutefois, ces bourgeons n'envahissent pas toute l'épaisseur du septum transversum. Ils se limitent à sa partie inférieure. Il en résulte que le septum est décomposé en une partie inférieure occupée par les bourgeons hépatiques et qui, de cette façon, contribuera à former le foie (*avant foie* de His), et, en une partie supérieure qui représente le *diaphragme primitif*.

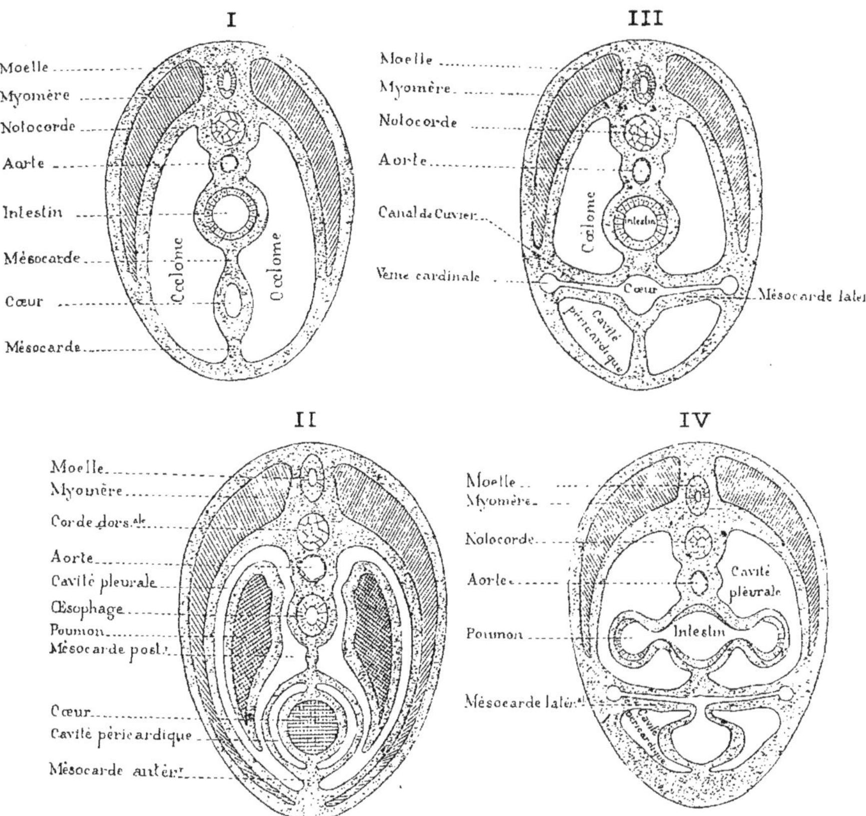

Fig. 124. — Formation des cavités péricardique et pleurales aux dépens du cœlome. 4 stades successifs.

La foie et le diaphragme sont donc intimement unis au début. Ce n'est que lorsque la cloison diaphragmatique sera achevée, que la cavité péritonéale s'insinuera entre le foie et le diaphragme et séparera presque complètement ces deux organes. Les liens qui persistent entre eux, débris de leur ancienne adhérence, sont représentés chez l'adulte par le *ligament suspenseur* et les *ligaments coronaires.*

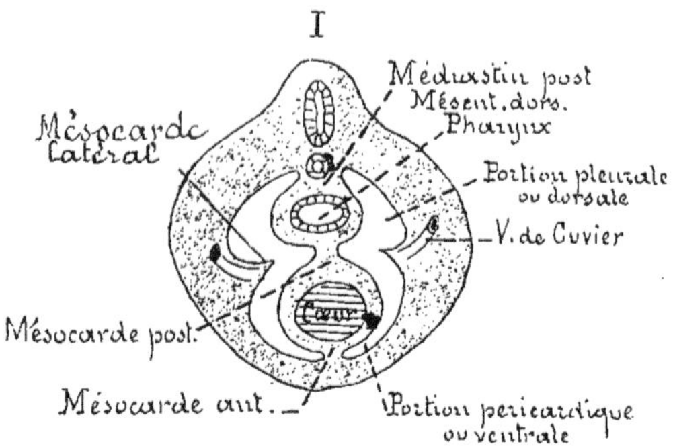

Fig. 125. — Coupe transversale dans la région du cœur de l'embryon pour montrer comment les veines de Cuvier dans la marche transversale des parois du corps au cœur subdivisent en deux sacs, l'un dorsal ou pleural, l'autre ventral ou péricardique, la cavité pleuro-péritonéale dans sa portion thoracique.

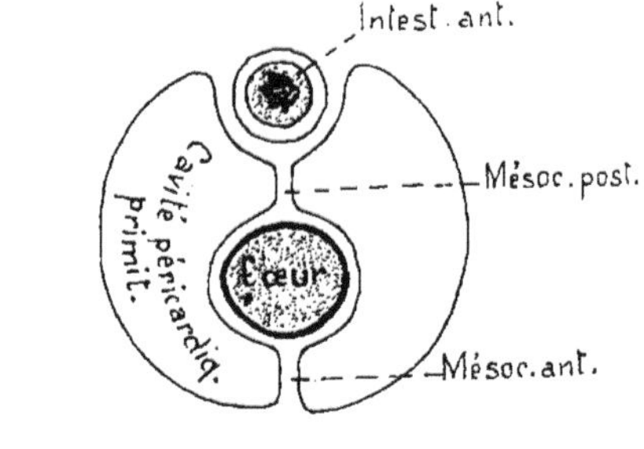

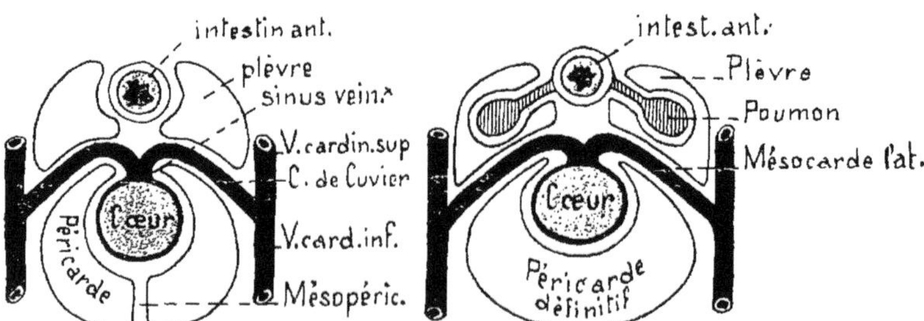

Fig. 126. — Ces trois diagrammes sont destinés à faire voir comment la formation du mésocarde latéral sépare la cavité pleuro-péritonéale primitive en cavité péricardique et cavités pleurales.

En arrière du repli cardiaque, au-dessous du dernier arc branchial, le cœlome primitif formait une cavité dans laquelle se développe le cœur à l'intérieur du mésentère ventral (mésocarde antérieur et mésocarde postérieur). Cette cavité, qui s'accroît avec le développement du cœur, c'est la *cavité cervicale* ou mieux *cavité péricardique primitive*.

Lorsque les canaux de Cuvier, qui suivent, au début, un trajet horizontal, se sont portés en haut et en dedans, ils ont repoussé la paroi du cœlome à l'intérieur de la cavité pleuro-péritonéale et déterminé la présence d'un pli, le *pli péricardique*. Les deux replis péricardiques droit et gauche en se rapprochant l'un de l'autre, à l'instar de deux rideaux qu'on pousse l'un vers l'autre, rétrécissent de plus en plus la communication entre la cavité péricardique et les cavités pleurales et, se soudant enfin à l'intestin céphalique vers lequel ils s'étaient portés, séparent de la sorte la cavité péricardique des cavités pleurales (fig. 124, 125, 126).

Cette émigration des canaux de Cuvier explique pourquoi, plus tard, les veines caves supérieures, qui dérivent des canaux de Cuvier, sont logées dans le médiastin.

Après que la cavité péricardique s'est fermée de toutes parts, les cavités pleurales communiquent encore un certain temps avec la cavité péritonéale par les orifices pleuro-péritonéaux. Elles se présentent alors sous la forme de deux *diverticules thoraciques* de la cavité péritonéale situés de chaque côté de la colonne vertébrale et de l'intestin. C'est dans ces diverticules que poussent les bourgeons pulmonaires en se coiffant de la paroi du cœlome. Ces bourgeons descendent jusqu'à atteindre la face supérieure du foie. C'est à ce moment que se produit l'occlusion des orifices pleuro-péritonéaux. On voit alors, en effet, partir de la paroi dorsale et latérale du tronc, sur le pourtour des orifices, deux replis (*piliers de Uskow, membranes pleuro-péritonéales* de Brachet et Swaen) qui vont s'unir en avant au septum transversum. Ainsi se trouve constituée la partie dorsale du diaphragme (piliers) dont la partie ventrale est plus précoce.

Lorsque la soudure des membranes pleuro-péritonéales est incomplète, il en résulte un arrêt de développement caractérisé par la *hernie diaphragmatique*.

Le diaphragme acquiert sa structure définitive lorsque des muscles issus de deux myotomes cervicaux (Kollmann) ont pénétré dans sa charpente conjonctive qu'ils subdivisent en deux feuillets : la plèvre diaphragmatique et le péritoine diaphragmatique.

Le système artériel de la 1ʳᵉ circulation, comprenait deux aortes primitives émanées du bulbe artériel, et parcourant toute la longueur du corps, après s'être recourbés au niveau du 1ᵉʳ arc branchial.

De ces aortes se détachaient les artères omphalo-mésentériques, et de nombreuses artérioles qui se distribuaient aux différentes parties du corps de l'embryon.

C'est de ce système que dérive les artères de la 2ᵉ circulation et, partant, les vaisseaux artériels de la circulation définitive.

En premier lieu, il se fait une série d'anastomoses en échelons entre la branche ventrale (aorte ascendante) et la branche dorsale (aorte descendante), des aortes primitives au niveau des arcs branchiaux (fig. 127, 128). Ces anastomoses, qui parcourent l'étendue des arcs branchiaux et embrassent l'intestin céphalique, ce sont les arcs aortiques. Ils sont au nombre de 6 et naissent successivement de haut en bas.

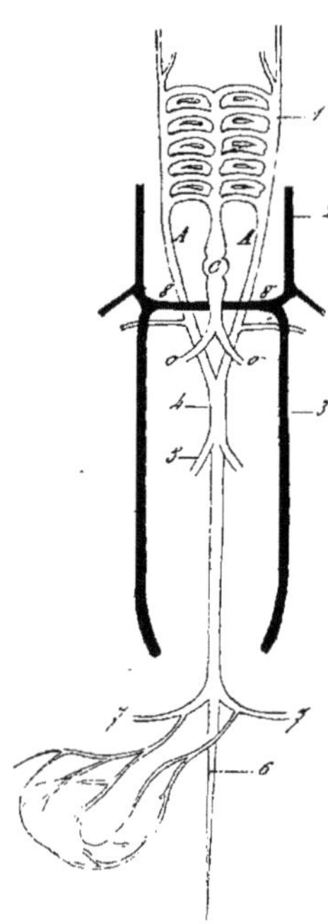

Fig. 127. — Systèmes artériel et veineux primitifs. *o, o,* veines omphalo-mésentériques ; *C,* cœur ; *A, A,* aortes dorsales ; *1,* arcs aortiques ; *2,* veine cardinale antérieure ; *5,* veine cardinale postérieure ; *4,* aorte descendante ; *5,* artères omphalo-mésentériques ; *6,* aorte caudale ; *7, 7,* artères ombilicales ; *8, 8,* canaux de Cuvier.

Ils ne persistent tous que chez les animaux branchifères. Chez les pulmonés, ils subissent de profondes modifications, et c'est d'eux que dérivent les artères de la tête et des membres supérieurs.

Les 1ᵉʳ, 2ᵉ et 5ᵉ arcs disparaissent. Le 4ᵉ donne, à droite, le tronc brachio-céphalique (carotide commune et sous-clavière), à gauche, la crosse de l'aorte, avec la carotide commune et la sous-clavière gauche. Le 6ᵉ arc forme, à droite, la branche droite de l'artère pulmonaire dans sa portion interne et s'atrophie dans le reste de son étendue ; à gauche, il donne la branche gauche de l'artère pulmonaire et le canal artériel de Botal (fig. 129).

Ce schème qui résulte des recherches de Boas, Zimmermann, Van Bemmelen et Hochtetter sur les Amniotes, Reptiles, Oiseaux et Mammifères (lapin et homme) modifie notablement le schéma depuis longtemps classique de Rathke. Mais si l'on suppose que ce qu'a dit Rathke du cinquième arc, qui disparaît de très bonne heure, s'applique au sixième qu'il ne connaissait pas et qu'il avait pris pour le cinquième, à cause même de la disparition très brève de celui-ci, le schéma de Rathke reste rigoureusement exact.

Sur un grand nombre de Mammifères, il y a un *aorte antérieure* qui se divise en tronc brachio-céphalique et carotide primitive gauche. Cette disposition résulte de ce fait que la paroi de la crosse de l'aorte sur laquelle s'ouvraient primitivement côte à côte le tronc brachio-céphalique et la carotide, s'est soulevé en haut et s'est allongé en forme de canal.

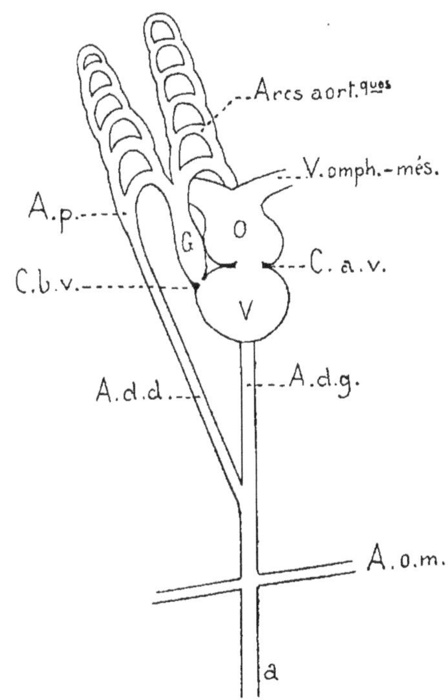

Fig. 128. — Schème de l'appareil cardio-aortique de l'embryon. Les 6 arcs aortiques sont complets, le cœur se dédouble en une oreillette *(O)* et un ventricule *(V)* ; *Cav*, détroit (étranglement) auriculo-ventriculaire ; *Cbv*, détroit (étranglement) bulbo-ventriculaire (entre le bulbe artériel et le ventricule) ; *Ap*, artère pulmonaire ; *Add*, aortes descendantes droite et gauche ; *a*, aorte abdominale ; *Aom*, artère omphalo-mésentérique.

Pendant le développement des arcs aortiques, les deux aortes descendantes se sont rapprochées au-dessous du cœur et se sont fusionnées en un canal impair et médian, *l'aorte descendante défi-*

nitive. Les extrémités inférieures non fusionnées des aortes deviennent les *artères ombilicales*.

Les artères vitellines qui naissaient de chacune des aortes, naissent toutes deux de l'aorte impaire après le fusionnement. La gauche disparaît par la suite, et la droite devient l'*artère mésentérique supérieure*.

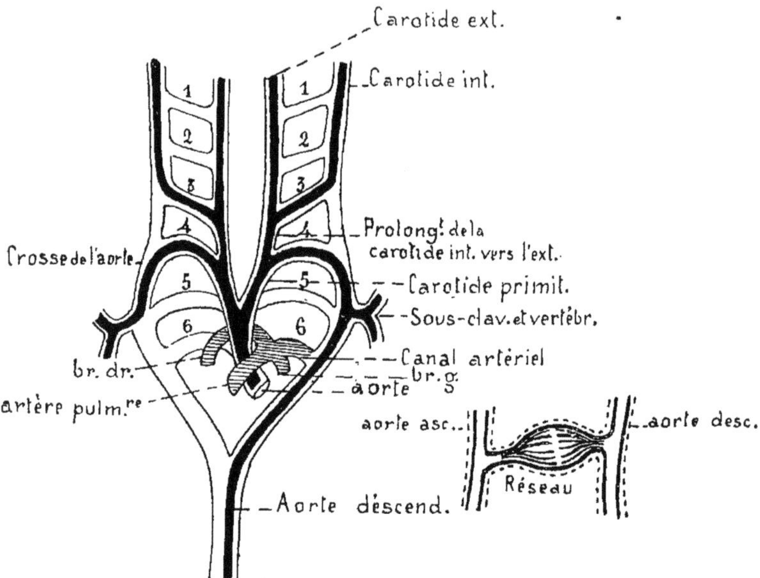

Fig. 129. — Schème de la transformation des arcs aortiques chez l'homme. A droite, on voit le réseau vasculaire d'un arc aortique traversant les arcs branchiaux.

Ultérieurement, on voit que la portion initiale des artères ombilicales se transforme en *artère iliaque primitive*, et, par la partie qui fait immédiatement suite, en *artère iliaque interne*. L'artère ombilicale paraît alors provenir de cette dernière lorsque celle-ci a pris tout son développement avec la formation du bassin. Cette artère avait émis en outre, par son bord externe, un rameau qui devient, par la suite, l'*artère iliaque externe*. Enfin, dans l'angle de bifurcation des ombilicales, on voit descendre en petit rameau destiné à l'appendice caudal, l'*artère sacrée moyenne* (artère caudale).

Le développement du système artériel donne la clef de la

plupart des *anomalies des artères*, et spécialement des anomalies de la crosse de l'aorte.

Le cœur est primitivement situé dans le cou. Il descend par la suite, dans la poitrine, en entraînant avec lui les arcs aortiques. C'est à cet entraînement qu'est dû également le trajet si curieux du nerf récurrent (nerf laryngé inférieur). Les anomalies des branches de la crosse de l'aorte, depuis la réduction jusqu'à l'inversion, se rattachent toutes à l'arrêt ou à la perversion du développement des arcs artériels branchiaux. La transposition de l'aorte peut exister avec ou sans inversion des viscères.

VEINES

Lorsque le cœur s'est différencié en bulbe artériel, ventricule et oreillette, il reçoit par les angles latéraux de sa portion auriculaire, allongés en forme de cornes, une sorte de confluent veineux qu'on a appelé *sinus veineux* et que constituent, par leur réunion, les canaux de Cuvier, les veines omphalo-mésentériques et ombilicale.

Tous les gros troncs veineux, à l'exception de la veine cave inférieure, dérivent du système veineux du début, composé des veines cardinales et des canaux de Cuvier.

La disposition symétrique des gros troncs veineux persiste toute la vie chez les Poissons.

Veines cardinales et canaux de Cuvier (veine-cave supérieure et veine coronaire, azygos). — Les deux veines caves supérieures des Reptiles et des Oiseaux dérivent des canaux de Cuvier.

Chez les Mammifères, le canal de Cuvier gauche perd de bonne heure ses connexions avec les veines cardinales correspondantes. Ce qui en reste forme la *grande veine coronaire* ou *veine cardiaque*.

Par suite de l'atrophie et de la disparition du canal de Cuvier gauche, il résulte qu'il n'y a plus qu'une veine cave supérieure, la veine cave supérieure droite.

La disparition de la veine cave supérieure gauche, chez l'homme, est précédée de la formation d'une anastomose entre les deux veines cardinales supérieures ou veines jugulaires. Cette anastomose qui descend obliquement de la jugulaire gauche vers la jugulaire droite, représente la *veine innominée gauche* ou *tronc brachio-céphalique gauche.* Le *tronc brachio-céphalique droit* est formé par la portion de la veine jugulaire droite comprise entre l'anastomose et la veine sous-clavière droite, branche de la veine cardinale supérieure (fig. 130).

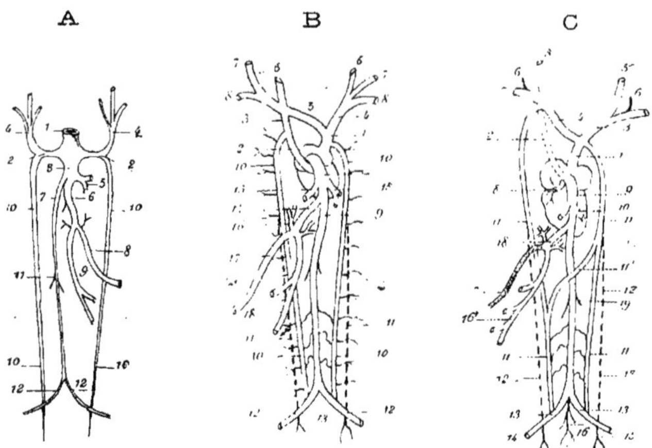

Fig. 130. — *A.* Système veineux primitif.
B. Système veineux provisoire.
C. Système veineux définitif.

A) *1*, tube cardiaque; *2, 2*, canaux de Cuvier; *3*, sinus veineux; *4*, veine cardinale antérieure; *5*, veines hépatiques; *6*, canal veineux d'Aranzi; *7*, veine cave inférieure; *8*, veine ombilicale; *9*, veine omphalo-mésentérique; *10*, veines cardinales postérieures; *11*, veines rénales; *12*, veines iliaques.

B) *1*, veine cave supérieure droite; *2, 3*, veine cave supérieure gauche; *4*, tronc brachio-céphalique droit; *5*, tronc brachio-céphalique gauche; *6*, jugulaire interne; *7*, jugulaire externe; *8*, sous-clavière; *9*, veine cave inférieure; *10*, veines vertébrales; *11*, veines cardinales postérieures en partie oblitérées; *12*, veines iliaques; *13*, veines hypogastriques; *14*, canal veineux; *15*, veines hépatiques; *16*, veine porte hépatique; *17*, veine ombilicale; *18*, veine omphalo-mésentérique.

C) *1*, veine cave supérieure droite (seule restante); *2*, veine cave supérieure gauche (oblitérée); *3, 4*, les deux troncs brachio-céphaliques; *5, 6, 7*, les jugulaires et sous-clavières; *8*, veine coronaire; *9*, veine cave inférieure; *10*, veines hépatiques; *11*, veines azygos (anciennes vertébrales); *12, 12*, veines cardinales oblitérées; *13, 13*, veines iliaques; *14*, veine iliaque externe; *15*, veine iliaque interne; *16*, veine sacrée moyenne; *16'*, veine intestinale (veine-porte); *17*, veine ombilicale oblitérée; *18*, canal veineux oblitéré; *19*, veine rénale.

Un processus d'atrophie semblable s'étend sur les veines cardinales inférieures. Ces veines constituent primitivement, comme toute la vie chez les Poissons, les veines de toute la partie inférieure du tronc de l'embryon, y compris les membres inférieurs. Mais avec l'atrophie des corps de Wolff, elles sont remplacées progressivement par une veine de nouvelle formation, la *veine-cave inférieure*.

La moitié supérieure de la cardinale droite inférieure persiste cependant pour former la *grande veine azygos*, et le segment moyen de la cardinale gauche inférieure après disparition de la veine cave supérieure gauche, constituera la *petite azygos*, qu'une anastomose réunira à la grande azygos.

Veine-cave inférieure. — Cette veine se développe secondairement et remplace en grande partie les veines cardinales inférieures.

Elle est formée de deux tronçons, l'un supérieur, qui se développe de haut en bas, à partir du sinus veineux du cœur, l'autre, inférieur, constitué par la portion sous-rénale persistante de la veine cardinale droite. Le premier tronçon, en descendant, vient rejoindre le second au niveau de l'embouchure des veines rénales.

Veines vitellines et ombilicales, veine-porte. — Les deux veines vitellines ramènent le sang de la veine ombilicale ; elles courent, à partir de l'ombilic, dans le mésentère ventral jusqu'au septum transversum.

Les deux veines ombilicales, qui ramènent le sang du placenta, courent primitivement, de l'ombilic à l'intérieur de la paroi abdominale jusqu'au septum transversum.

Dans le septum transversum, les canaux de Cuvier, les veines vitellines et les veines ombilicales s'unissent pour s'ouvrir ensemble dans le sinus veineux qui, plus tard, disparaît pour entrer dans le sphère de l'oreillette du cœur.

Les veines vitellines, rampant dans la splanchnopleure passent au-dessous du foie, les veines ombilicales, rampant dans la somatopleure, passent au-dessus du foie.

Les veines vitellines se ramifient dans le foie et constituent l'origine du système veineux du foie, veines afférentes (v. porte), veines efférentes (v. sus-hépatiques).

A un moment donné, la portion des veines vitellines, comprise entre les veines hépatiques afférentes et efférentes s'atrophie, et tout le sang est obligé de traverser le foie.

Les veines ombilicales subissent aussi d'importants changements. La droite s'atrophie et son vestige fournit une veine épigastrique. La veine gauche envoie une branche qui passe au-dessous du foie et va s'anastomoser avec la veine vitelline devenue veine porte. A ce moment tout le sang charrié par les veines vitel-

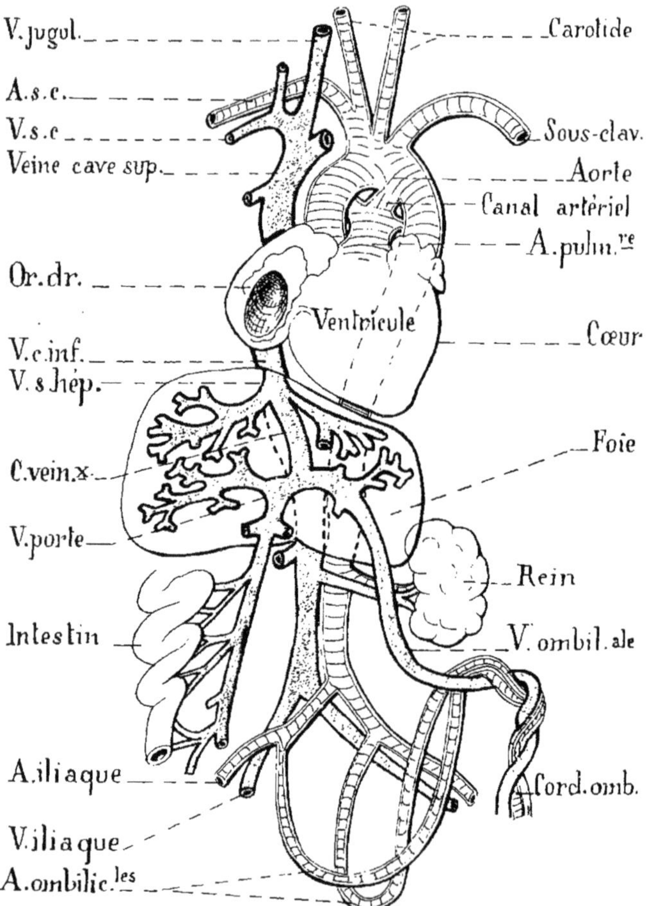

Fig. 131. — Circulation du fœtus achevé.

lines et ombilicales doit traverser le foie. L'extrémité sus-hépatique de la veine ombilicale disparaît, et il se forme un nouveau conduit veineux qui prolonge sa branche sous-hépatique jusqu'à la veine cave : c'est là l'origine du *canal veineux d'Aranzi*. Le sang peut alors arriver au sinus veineux du cœur, en passant directement dans la veine cave, ou en traversant la veine porte hépatique.

Après la naissance, la veine ombilicale s'atrophie et se transforme en ligament rond du foie. Le canal veineux d'Arantius s'oblitère et les veines hépatiques afférentes (système porte hépatique) ne reçoivent plus de sang que de l'extrémité cardiaque des veines vitellines, c'est-à-dire du tronc de la veine porte résumant elle-même la circulation des veines intestinales et splénique.

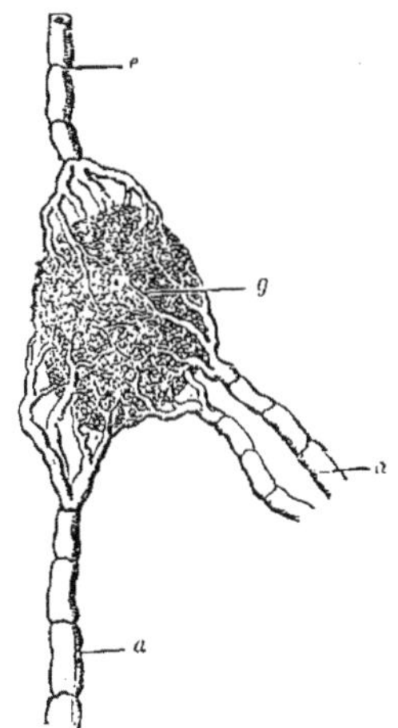

Fig. 132. — Ganglion lymphatique *(g,)* avec ses vaisseaux afférents *(a)* et son vaisseau efférent *(e)*.

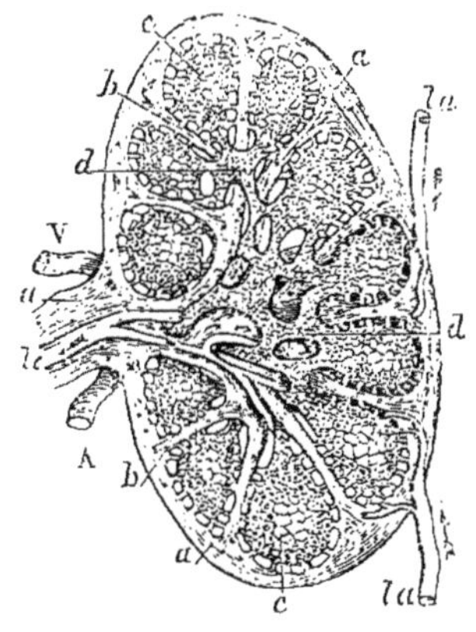

Fig. 133. — Coupe d'un ganglion lymphatique pour en montrer la structure. *a,* capsule ; *b, b,* cloisons qui en partent ; *c,* alvéoles renfermant les follicules ; *d,* follicules ; *la,* lymphatique afférent ; *le,* lymphatique efférent ; *A,* artère ; *V,* veine.

Le triple changement veineux est le fait du développement du sac vitellin, du placenta et du foie ; c'est une adaptation vasculaire. La disparition du placenta achève la transformation du système veineux.

Vaisseaux lymphatiques. — Au système des vaisseaux à sang rouge, vient s'adjoindre un système de vaisseaux à sang blanc (vaisseaux absorbants). Ces vaisseaux, *vaisseaux lymphatiques, chylifères* de l'intestin, portent sur leur trajet des glandes (ganglions lymphatiques). Ils versent dans le sytème veineux, les humeurs qu'ils ont puisées, soit dans l'intestin (chylè) soit dans les interstices des tissus (lymphe). Ils se développent à la façon des vaisseaux sanguins, comme des lacunes qui se font dans l'épaisseur du mésenchyme et s'organisent ensuite en un système d'irrigation.

SQUELETTE

Le squelette comprend :
    Un squelette axial
    Un squelette appendiculaire.

I. — SQUELETTE AXIAL OU RACHIS

Le squelette axial ou crânio-rachidien passe par trois états successifs :

    Membraneux
    Cartilagineux,
    Osseux.

La première ébauche du squelette axial est représentée par la corde dorsale, qui dérive, je le rappelle, du méso-endoderme et règne, une fois constituée, le long du corps, de l'extrémité caudale à l'extrémité céphalique. Tous les corps des vertèbres, qui se formeront plus tard autour d'elle, sont traversées par la corde comme un fil traverse un chapelet, de la dernière vertèbre coccygienne au basi-sphénoïde.

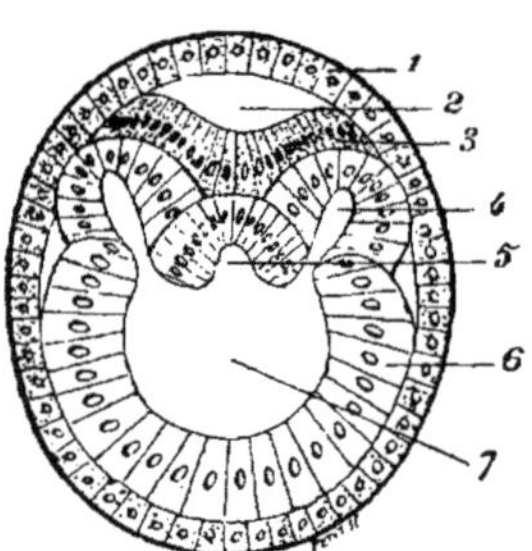

Fig. 134. — Développement de la corde dorsale et des protovertèbres chez l'Amphioxus. *1*, ectoderme ; *2*, sillon médullaire ; *3*, plaque neurale ; *4*, ébauches des protovertèbres ; *5*, ébauche de la corde ; *6*, paroi de l'intestin (endoderme) ; *7*, cavité intestinale primitive.

Au début c'est un cordon cellulaire uniforme (ses cellules sont vésiculaires avec membrane d'enveloppe) entouré d'une sorte d'étui hyalin, la *gaîne de la corde*. Elle persiste à peu près à cet état chez les Vertébrés inférieurs (Amphioxus, Lamproie, Esturgeon) où, en épaississant et solidifiant sa gaîne, elle représente toute la vie la colonne vertébrale. Mais chez les autres Vertébrés, elle devient moniliforme et se trouve emprisonnée dans les vertèbres et les disques intervertébraux lors de leur formation.

Elle est étranglée dans les vertèbres chez les Anamniens et les Mammifères, étranglée dans les disques chez les Sauropsidés.

Chez les Mammifères, on en retrouve les débris jusque dans l'âge adulte au centre des disques sous la forme de ce que l'on appelle le *noyau de Luschka*.

Chez les Vertébrés supérieurs la corde dorsale n'est qu'un organe transitoire qui sert d'axe de direction à la colonne vertébrale, mais ne se transforme jamais en rachis.

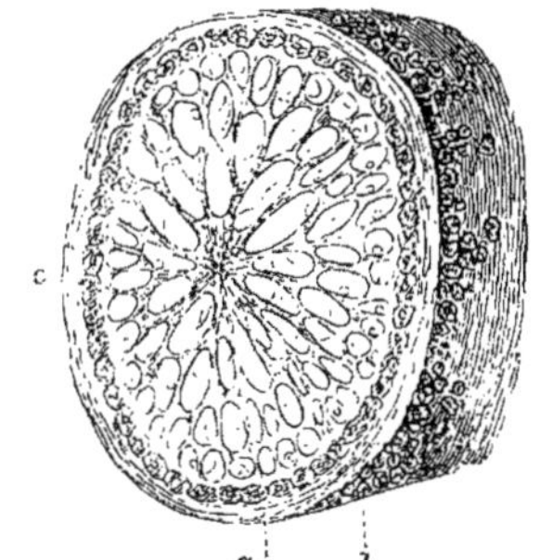

Fig. 135. — Coupe transversale de la corde dorsale du *Polypterus*. *a*, gaîne fibroïde de la corde; *b*, incrustations calcaires; *c*, tissu de la corde.

Au début, au niveau de l'extrémité renflée de la ligne primitive (nœud de Hensen de la ligne primitive), la corde dorsale se prolonge en avant sous la forme d'un canal, *canal chordal*, qui s'ouvre à l'extérieur. Graf Spee a retrouvé ce canal sur un embryon humain de 2 millimètres. Il peut être comparé au canal neurentérique de l'extrémité postérieure de l'ébauche embryonnaire.

L'extrémité antérieure de la corde aboutit au fond de la poche hypophysaire (plafond du pharynx embryonnaire), ainsi que l'ont décrit Reichert, Dursy, Mihalkowics, Mathias Duval, Sasse, Romiti, Keibel et d'autres.

Elle reste droite chez les animaux dont la tête ne subit pas d'inflexion (Poissons, Batraciens); elle s'incurve en avant chez les animaux (Oiseaux, Mammifères) qui subissent la courbure céphalique.

COLONNE VERTÉBRALE

Les vertèbres, pièces qui composent la colonne vertébrale par leur assemblage, se développent autour de la corde dorsale, aux dépens de la végétation de la partie péri-cordale du mésenchyme (prévertèbre).

Elles sont successivement cartilagineuses et osseuses, et ne correspondent pas aux segments musculaires, mais ces formations alternent avec elles. En effet, les métamères épithéliaux (épicœlome) destinés à produire la musculature alternent avec les métamères mésenchymateux destinés à produire la colonne vertébrale.

La première métamérisation est donc celle de la musculature. Elle existe déjà chez l'Amphioxus et les Cyclostomes. La segmentation de la colonne vertébrale n'est survenue que plus tard et comme conséquence de la segmentation de la musculature. Elle ne se fait que lorsque le processus de chondrification qui, seul, la rend nécessaire, commence à s'accomplir. Nous allons voir que les vertèbres cartilagineuses se forment aux dépens d'un tissu squelettogène axial péri-cordal et péri-neural insegmenté.

La vertèbre type est composée d'un certain nombre de pièces, dont nous pouvons construire le dispositif de la façon suivante :

Vertèbre type
- En arrière : arc neural — { neurapophyses / neurépine }
- Au centre : centrum — { parapophyses / zygapophyses }
- En avant : arc hémal — { pleurapophyses / bœmépine }

VERTÈBRES CARTILAGINEUSES

Elles sont composées d'un corps et d'arcs latéraux. Le corps se forme autour de la corde dorsale par différenciation histologique aux dépens d'un tissu conjonctif embryonnaire, qui forme, d'une part, une gaîne squelettogène autour de la corde dorsale et, d'autre part, une membrane d'enveloppe autour du tube médullaire. Les arcs latéraux dérivent ainsi de deux boucles : une boucle hypocordale et une boucle neurale. La réunion de ces trois parties donne lieu à la vertèbre cartilagineuse achevée qui, formée d'une seule coulée de cartilage, représente exactement la forme de la vertèbre définitive ou vertèbre osseuse.

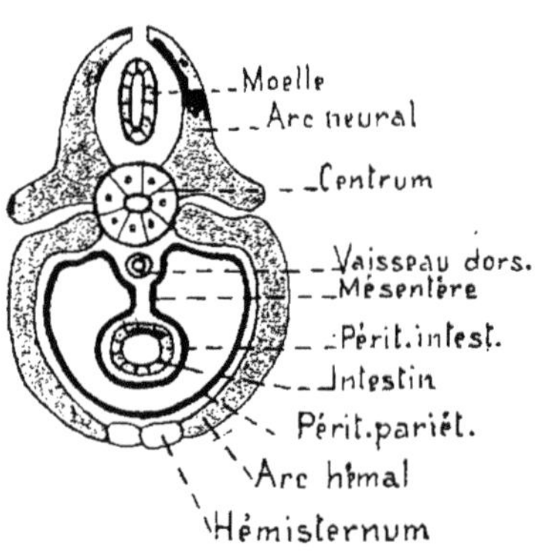

Fig. 136. — Vertèbre type.

Le tissu du rachis membraneux qui reste emprisonné entre les segments cartilagineux se transforme en fibro-cartilages ou disques intervertébraux et en ligaments jaunes (milieu du 2ᵉ mois dans l'espèce humaine).

Ce n'est donc qu'avec la chondrification de la couche squelettogène axiale que se manifeste la segmentation du rachis.

CÔTES ET STERNUM

Les côtes se développent à l'intérieur des cloisons (myosepta) qui séparent les myotomes. Ce développement est précoce. Vers le 2ᵉ mois de la vie fœtale elles sont cartilagineuses, et dans le cours de ce même mois elles commencent par être envahies par l'ossification.

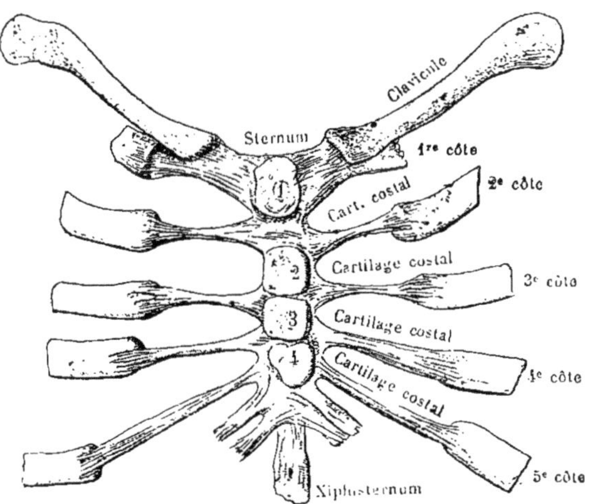

Fig. 137. — Développement du sternum (appareil sternébral). Enfant de 12 mois.

En avant, les côtes s'unissent entre elles pour former une plaque cartilagineuse allongée (*plaquette sternébrale, hémisternum*). La plaque du côté droit se réunit à celle du côté gauche, et dès lors il y a en avant de la poitrine une plaque cartilagineuse, le *sternum*. Ce dernier résulte donc de la soudure sur la ligne médiane des deux hémisternums. Lorsque cette réunion vient à manquer il survient l'anomalie connue sous le nom de *fissure du sternum*.

Le sternum cartilagineux, d'une seule coulée, est envahi par l'ossification à partir du troisième mois de la vie fœtale. Le sternum se segmente alors en une série de pièces superposées (*sternèbres*) qui finissent par se fusionner dans la partie moyenne de l'os (*mésosternum*), mais qui en haut (*manubrium*) et en bas (*xiphis-ternum*) restent distincts du corps de l'os toute la vie.

Les côtes présentent quatre points d'ossification :

1 primitif pour le corps de l'os ;

3 complémentaires { 1 pour la tubérosité,
1 pour la facette articulaire transversaire,
1 pour la facette articulaire de la tête.

La côte ne s'ossifie pas dans toute son étendue. En avant, la partie qui vient s'appuyer sur le sternum, reste cartilagineuse (*côtes sternébrales*).

A l'abdomen, les côtes et le sternum font défaut, mais ils y sont représentés, les côtes, par les intersections aponévrotiques transversales des muscles de l'abdomen, le sternum, par la ligne blanche abdominale.

Au cou, les ébauches des côtes restent petites (apophyses costiformes) et se soudent avec les apophyses transverses (branche antérieure de l'apophyse). Au niveau du sacrum (côtes sacrées), elles se fusionnent de bonne heure avec les masses latérales destinées à s'articuler avec l'os coxal.

VERTÈBRES OSSEUSES.

L'ossification des vertèbres débute au troisième mois de la vie utérine. Cette ossification se fait par :

3 points primitifs { 1 pour le corps (double au début),
2 pour les masses latérales.

5 points complémentaires { 2 transversaires,
2 épiphysaires (corps),
1 épineux.

Dans les vertèbres lombaires, il y a deux points complé-mentaires de plus, les points mamillaires (fig. 138, 3).

Quelques vertèbres ont une ossification spéciale. Ce sont l'atlas, l'axis et les vertèbres caudales.

L'*atlas* comporte 3 points d'ossification : deux latéraux, un dans l'arc antérieur (fig. 138, 4).

L'*axis* présente cinq points : deux pour les masses latérales, un pour le corps, deux pour l'apophyse odontoïde (fig. 138, 5).

Je remarque en passant que cette apophyse, traversée comme

le corps de toutes les vertèbres, par la corde dorsale, représente en
réalité le corps de l'atlas détaché de cette vertèbre, pour des raisons
de mécanique dont la rotation de la tête sur la colonne vertébrale
donne la clef.

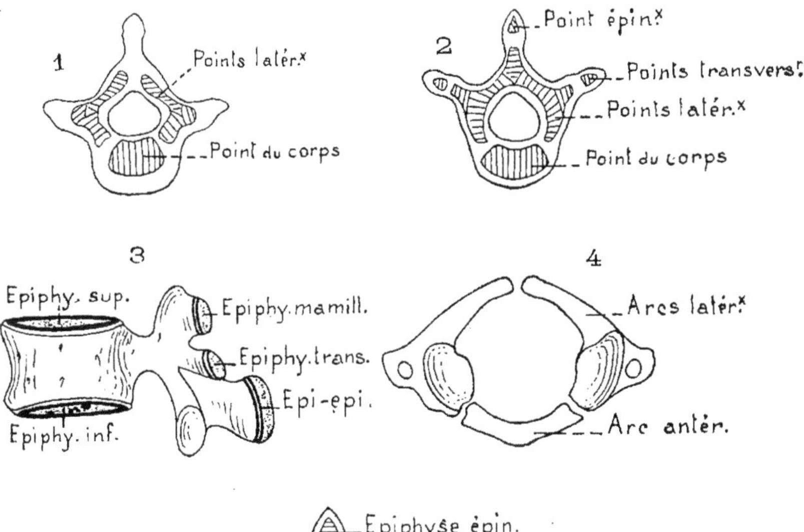

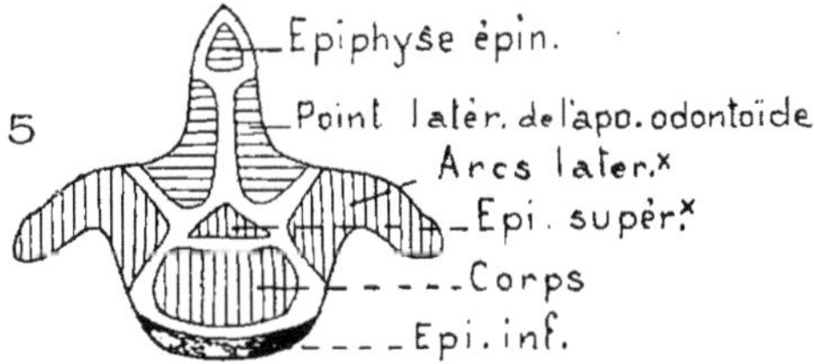

Fig. 138. — Ossification des vertèbres. *1, 2, 3,* ossification commune à toutes les
vertèbres ; *4, 5,* ossification spéciale à l'atlas *(4)* et à l'axis *(5).*

Vertèbres sacrées. — Elles ont :
   3 points primitifs

   5 points complémentaires $\left\{\begin{array}{l}\text{2 épiphysaires (corps),}\\\text{2 costiformes,}\\\text{1 épineux.}\end{array}\right.$

Vertèbres coccygiennes. — Elles présentent :
   1 point pour le corps,
   2 points épiphysaires.

La première vertèbre offre un point complémentaire pour les petites cornes ; la dernière, un seul point, celui du corps.

Chez l'Homme et les Mammifères, la vertèbre complète pourvue de ses deux arcs n'existe plus en réalité qu'au niveau du thorax ; mais les deux arcs primitifs indépendants ont persisté le long du rachis chez certains animaux, et le rudiment de l'arc hémal, en vestige chez le fœtus, réapparaît chez l'homme lui-même avec les côtes surnuméraires cervicales ou lombaires. A la région cervicale, l'apophyse costiforme (branche antérieure du trou transversaire) des cinq premiers vertèbres est toujours soudée aux apophyses transverses ; à la sixième, elle est parfois indépendante ; à la septième, elle l'est toujours (Rosenberg), et ce rudiment de côte acquiert dans certains cas la valeur d'une véritable côte cervicale qui peut aller jusqu'à rejoindre le sternum. A la région dorsale, l'apophyse transverse proprement dite ou parapophyse s'articule avec les côtes ou pleurapophyses, et l'espace compris entre le col de la côte et l'apophyse porte le nom de trou costo-transversaire, homologue au trou transversaire des vertèbres cervicales.

Dans la région lombaire, l'apophyse transverse est également composée de deux parties : l'une antérieure, apophyse costale, indépendante pendant le développement, parfois toute la vie sous forme de côte rudimentaire, qui représente la pleurapophyse ; l'autre, postérieure, qui représente l'apophyse transverse proprement dite. La treizième côte accidentelle est ainsi expliquée par sa persistance et le développement de son ébauche qui apparaît normalement dans le cours de l'ontogénèse. — Au sacrum, il est facile de retrouver les rudiments des côtes : elles sont représentées par les points osseux ventraux de la portion latérale des vertèbres sacrées.

Je signale à nouveau en passant que les vertèbres de l'éminence caudale subissent une réduction dans l'espèce humaine durant le développement. Il y a, dans la plaque provertébrale, les éléments de 38 vertèbres à la 4ᵉ semaine, tandis qu'il ne reste que 34 vertèbres à la 7ᵉ semaine.

CRANE

Le crâne passe, comme la colonne vertébrale, par trois états successifs qu'on a appelés *crâne primordial membraneux, crâne primordial cartilagineux, capsule crânienne osseuse.*

Le crâne membraneux est constitué par le tissu conjonctif squelettogène qui se prolonge dans la région céphalique autour de la corde dorsale. Il comprend deux portions : une portion basale ou ventrale qui enserre la corde, et une portion alaire ou dorsale (lames céphaliques) qui se porte en arrière pour envelopper les vésicules cérébrales. Ce tissu conjonctif embryonnaire se décompose plus tard en deux lames, une profonde qui donne les méninges, une superficielle qui n'est que l'ébauche du crâne membraneux.

Comme la colonne vertébrale membraneuse, le crâne membraneux est donc insegmenté. — A ce crâne est annexé le squelette viscéral membraneux (arcs branchiaux) qui donnera la face et le cou.

Crâne cartilagineux. — Tandis qu'au niveau du tronc, l'ébauche du squelette axial se segmente dès qu'elle est envahie par la chondrification, rien de semblable n'a lieu au niveau de la tête. Le crâne membraneux se transforme en cartilage d'une seule coulée de façon à donner naissance à une capsule cartilagineuse indivise qui enveloppe les vésicules cérébrales.

Le crâne cartilagineux débute à la base du crâne par 4 cartilages longitudinaux disposés par paires : deux postérieurs, les *cartilages paracordaux*, deux antérieurs, les *cartilages précordaux*. Les premiers en se réunissant

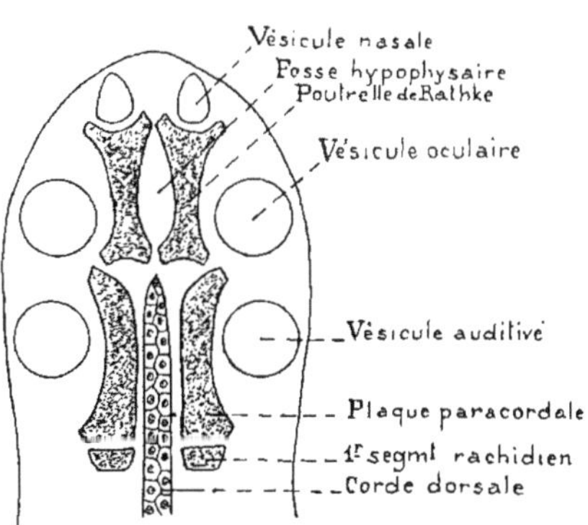

Fig. 139. — Le crâne cartilagineux primordial.

constituent la plaque basilaire. Les deux derniers (poutrelles de Rathke) ne tardent pas à s'unir en arrière avec les cartilages paracordaux. En avant, ils se réunissent entre eux pour former la plaque ethmoïdo-nasale. En leur milieu, ils restent longtemps séparés l'un de l'autre par un trou qui donne passage à l'hypophyse (région de la fosse pituitaire).

De la base du crâne cartilagineux ainsi constituée, le processus de chondrification s'étend en arrière pour compléter la capsule crânienne.

                    CH. DEBIERRE

Au pourtour des organes des sens, le crâne cartilagineux
constitue une série de capsules protectrices (capsule nasale,
capsule orbitaire, capsule auditive).

Chez les Sélaciens et les Ganoïdes le crâne cartilagineux constitue
un organe permanent. Il forme une capsule complète. Chez les
Mammifères et chez l'Homme, au contraire, il n'est que transitoire
et ne tarde pas à être remplacé par le crâne osseux. Il n'est pas
complet, en outre. Si sa base et les parties latérales atténantes
sont cartilagineuses, la voûte reste membraneuse et s'ossifie
directement.

De même qu'au niveau du tronc, les côtes s'adjoignent à la
colonne vertébrale sous forme d'arcs inférieurs (arcs hémaux), de
même aussi un squelette viscéral s'unit au crâne primordial pour
constituer avec lui le squelette de la tête.

Le *squelette viscéral* de la tête se compose d'arcs cartilagineux
développés dans l'épaisseur des arcs viscéraux membraneux,
interposés aux fentes branchiales (fentes viscérales).

Ces arcs cartilagineux ne sont complets et bien développés que
chez les Vertébrés inférieurs où ils sont permanents chez quelques-
uns (Sélaciens). On les distingue en arcs maxillaires, hyoïdiens et
branchiaux. Chaque arc maxillaire, nous le savons, se décompose
en un cartilage maxillaire supérieur (palato-carré) et un cartilage
maxillaire inférieur (mandibulaire). L'arc hyoïdien se compose d'un
hyomandibulaire et d'un hyoïde. — Chez l'homme le squelette
viscéral cartilagineux se développe d'une façon fort imparfaite.
Il se transforme en cartilages des osselets de l'ouïe et en hyoïde.

Crâne osseux. — Le crâne osseux est constitué de deux sortes
d'os : d'*os de cartilage* et d'*os de membrane*.

Les os de la base et des parois latérales du crâne sont des os de
cartilage (os enchondraux), les os de la voûte sont des os de membrane (os fibreux).

Les premiers se développent dans les cartilages préexistants
auxquels ils se substituent ; les seconds naissent directement au
sein du tissu fibreux. Les os de membrane dérivent du squelette
cutané (dermo-squelette) ; ce sont des *os de revêtement* ou de recouvrement. Alors que ces os restaient distincts chez les Vertébrés
inférieurs, ils se sont soudés avec les os primaires (os membraneux)
dans le crâne des Vertébrés supérieurs.

Les os de la face sont aussi des os secondaires (os fibreux).

Enfin, une partie du squelette cartilagineux de la tête persiste pour constituer les cartilages persistants (cartilage de la cloison, cartilages du nez).

Les *os primaires* sont : 1° l'occipital, moins l'écaille ; 2° le sphénoïde, moins l'aile interne de l'apophyse ptérygoïde ; 3° l'ethmoïde et les cornets ; 4° les osselets de l'ouïe ; 5° le corps et les cornes de l'hyoïde.

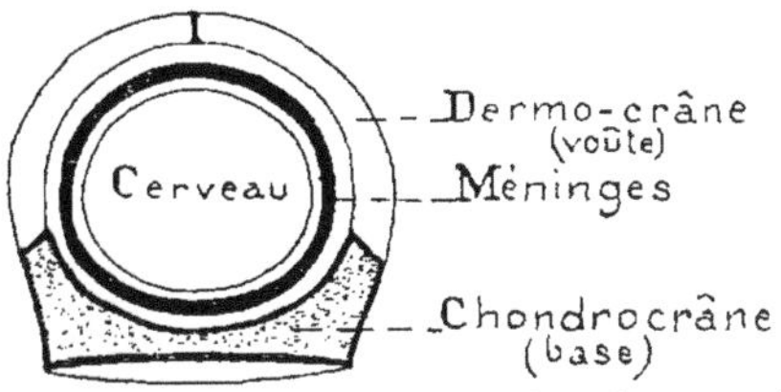

Les *os secondaires* sont : 1° le supra-occipital ; 2° le pariétal ; 3° le frontal ; 4° l'écaille du temporal ; 5° l'aile interne de l'apophyse ptérygoïde ; 6° l'anneau

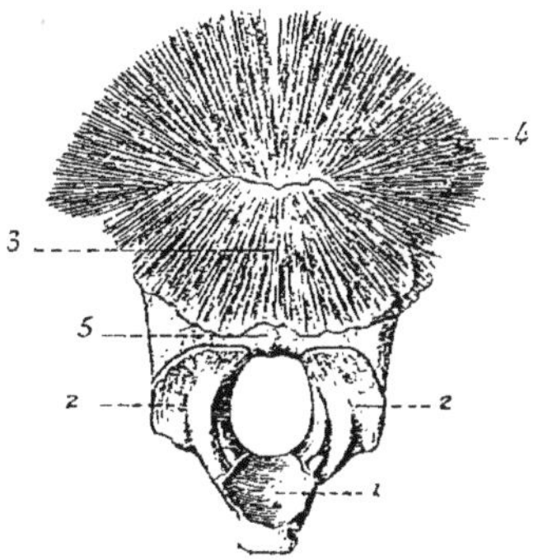

Fig. 140. — Coupe transversale du crâne en voie d'ossification.

tympanal ; 7° le palatin ; 8° le vomer ; 9° les os propres du nez ; 10° l'unguis ou lacrymal ; 11° l'os malaire ; 12° les deux maxillaires.

Dans l'*occipital* on reconnaît encore facilement une vertèbre (vertèbre occipitale). Chez les vertébrés inférieurs, poissons et amphibiens, ses diverses pièces restent séparées. Chez les mammifères et chez l'homme, elles ne sont séparées que durant l'âge fœtal ; elles se soudent par la suite pour constituer un os unique. Ces pièces sont : l'occipital basilaire (centrum vertébral) ; l'infra-occipital et les occipitaux latéraux (masses latérales, anneau neural).

Chez les mammifères et chez l'homme, il s'y adjoint un os de revêtement, le *supra-occipital*.

Le *sphénoïde* se développe aussi

Fig. 141. — Occipital d'un fœtus humain de 4 mois. 1, basi-occipital ; 2, 2, occipital latéral ; 3, infra-occipital ; 4, supra-occipital ; 5. osselet de Kerckringe.

dans la base du crâne cartilagineux. Il a deux centrums vertébraux. l'un postérieur (sphénoïde postérieur, post-sphénoïde), l'autre antérieur (sphénoïde antérieur, pré-sphénoïde), auxquels viennent respectivement s'adjoindre les grandes ailes (alisphénoïdes) et les petites ailes (orbitosphénoïdes). Si chez l'homme les deux sphénoïdes se soudent et si la synchondrose sphénoïdale disparaît, les deux sphénoïdes restent séparés toute la vie chez beaucoup d'animaux.

L'os ptérygoïde (apophyse ptérygoïde) qui lui est adjoint reste aussi à l'état d'os indépendant chez une foule de mammifères.

L'*ethmoïde* appartient au crâne précordal. C'est un os primaire qui se développe aux dépens de la capsule nasale cartilagineuse.

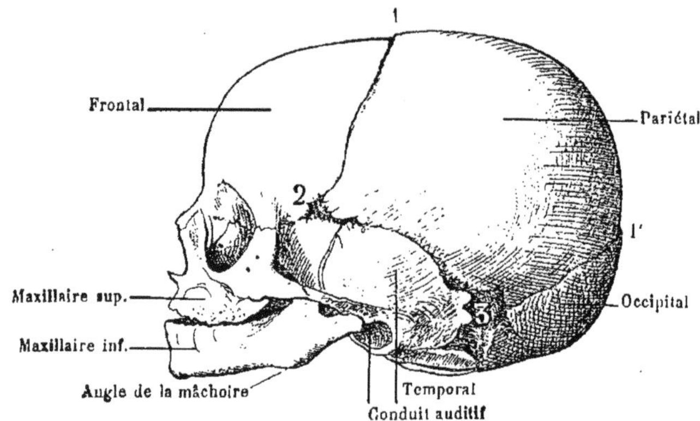

Fig. 142. — Tête de fœtus vue de côté pour montrer les sutures et les fontanelles. *1*, fontanelle antérieure; *1'*, fontanelle postérieure; *2*, fontanelle ptérique; *3*, fontanelle astérique.

Le *temporal* développe sa portion pétreuse (os pétreux, rocher) dans la capsule cartilagineuse auditive et s'adjoint deux os secondaires, l'os squameux et l'os tympanal. Chez une foule de mammifères ces divers parties du temporal restent séparées.

Le *frontal*, qui est un os de revêtement, est primitivement composé de deux moitiés (hémi-frontaux) et se maintient dans cet état, dans l'espèce humaine, jusque vers la deuxième année de la vie.

Au point de rencontre des os dermiques persistent longtemps des espaces membraneux que l'on a appelés *fontanelles*.

Les principales sont la fontanelle bregmatique, la fontanelle lambdatique, les fontanelles astériques et les fontanelles ptériques.

THÉORIE VERTÉBRALE DU CRANE

Le crâne primordial n'est pas formé de segments distincts comme c'est le cas pour la colonne vertébrale. La *théorie des vertèbres crâniennes* d'Oken (1807) et de Gœthe (1821), d'après laquelle le crâne se composerait d'un petit nombre de vertèbres modifiées, présentée dans ces termes, n'est pas acceptable. D'où la conclusion d'Huxley : le crâne ne représente pas une colonne vertébrale transformée, mais le squelette de la tête et la colonne vertébrale constituent plutôt des modifications différentes d'une formation primitive commune.

De fait, l'étude de la tête des Sélaciens et des Amphibiens a démontré l'existence de *métamères céphaliques*. Au niveau des arcs branchiaux, la segmentation a intéressé le mésoderme dans son entier. Aux métamères sont ainsi venus s'adjoindre des segments ventraux, les *branchiomères*, dont la cavité peut initialement communiquer avec celles des somites céphaliques.

Chez les Mammifères, les métamères ne sont régulièrement séparées que dans le segment cordal ou postérieur de la tête. Plus en avant, en raison du développement exagéré de la tête, leur disposition est plus irrégulière. Quelques-unes sont rudimentaires ou ont disparu tout à fait ; d'autres sont fusionnées avec les métamères voisines.

Aussi, Gegenbaur chercha-t-il le premier à démontrer que le crâne primordial s'est formé par fusionnement d'un certain nombre de segments, ayant la même valeur que les vertèbres, et remplaça de la sorte la théorie vertébrale par la *théorie segmentaire du crâne*.

De fait, de même qu'à chaque paire de côtes correspond un segment vertébral, de même chaque paire d'arcs viscéraux correspond à un segment céphalique primordial. Et, en effet, on sait depuis Balfour, Milnes Marshall, Götte, Van Wijhe et Froriep, que les deux sacs cœlomiques pénètrent dans l'extrémité céphalique, et que là aussi, les deux feuillets moyens se divisent en segments (*segments primordiaux de la tête*). Cette division de la tête en métamères, outre qu'elle est attestée par la présence des segments primordiaux qui sont les ébauches de la musculature de la tête, est encore démontrée par la disposition et la distribution des nerfs crâniens et par la constitution du squelette viscéral de la tête.

Les nerfs crâniens, en effet, à l'exception des deux premières paires qui sont de véritables bourgeons de la vésicule cérébrale antérieure, se développent, aussi bien pour les racines dorsales que pour les racines ventrales, à la manière des nerfs rachidiens, et leur disposition segmentaire n'est pas davantage à contester.

Si donc, on ne peut plus admettre les 4 vertèbres crâniennes occipitale, sphénoïdale postérieure, sphénoïdale antérieure et ethmoïdale de Gœthe, — parce que les vertèbres osseuses de la colonne vertébrale sont précédées de pièces cartilagineuses distinctes, alors que l'ébauche cartilagineuse du crâne est d'une seule coulée, il n'en demeure pas moins, que si les vertèbres du tronc dérivent des sclérotomes qui, eux-mêmes, sont issus des protovertèbres, on peut accepter que, de même les os du crâne (vertèbres modifiées) dérivent des segments céphaliques.

SQUELETTE DES MEMBRES

Le squelette des membres se forme aux dépens d'une ébauche cartilagineuse (ceinture scapulaire, ceinture pelvienne, cartilages des segments des membres, cartilages huméral, radial et cubital, cartilages de la main, cartilages fémoral, tibial et péronéal, cartilages du pied). — Seule, la clavicule fait exception à cette règle.

L'ossification se fait comme dans les os de la colonne vertébrale et du crâne. Des noyaux osseux apparaissent à l'intérieur du cartilage qui, envahi peu à peu par le processus d'ossification, se trouve finalement remplacé par du tissu osseux (ossification enchondrale).

Les *ceintures des membres* (ceinture scapulaire, ceinture pelvienne) consiste primitivement en une paire de pièces cartilagineuses arquées, qui sont logées sous la peau, dans les muscles du tronc. En son milieu, chacune de ces pièces porte une surface articulaire, qui sert à l'articulation du membre correspondant.

Chaque pièce est ainsi décomposée en une portion dorsale et en une portion ventrale. La portion dorsale est simple ; c'est l'ébauche de l'omoplate au membre antérieur, l'ébauche de l'ilion au membre postérieur. La portion ventrale est double et s'est divisée en une branche antérieure et en une branche postérieure, à partir de la cavité articulaire. Il y a donc, en réalité, dans chaque ceinture trois pièces cartilagineuses distinctes qui, s'ossifiant séparément, constituent des os particuliers.

Au membre antérieur, la pièce ventrale postérieure est représenté par l'*os coracoïdien*, la pièce ventrale antérieure par la *clavicule*. Au membre postérieur la pièce ventrale antérieure est représentés par le *pubis*, la pièce ventrale postérieure par l'*ischion* (entre les deux, il y a le trou obturateur). — Ces trois pièces de l'os coxal restent indépendantes toute la vie chez certains animaux; elles le sont encore complètement jusqu'à la huitième année, dans l'espèce humaine, mais commencent à se souder, par la suite, pour aboutir à l'unité complète vers 15 ou 16 ans.

Quant à la clavicule, qui est la première pièce du squelette qui subit l'ossification (30e au 35e jour), c'est, selon Gegenbaur, un os dermique, dans lequel le cartilage (aux deux extrémités) n'apparaît que secondairement. Chez les Poissons, en effet, la clavicule est un os exclusivement dermique.

L'ossification des os des extrémités est un peu différente,

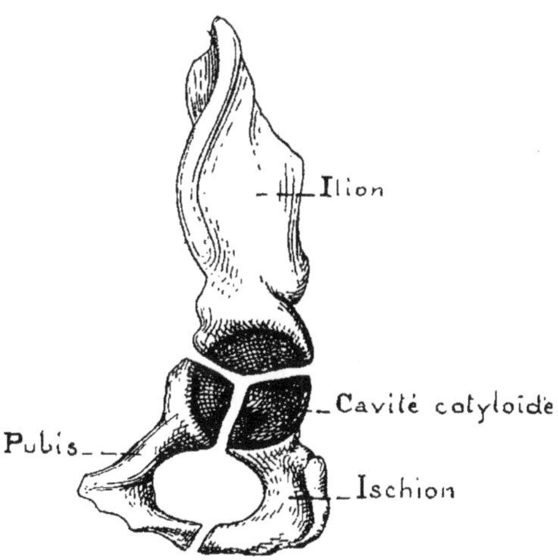

Fig. 143. — Os coxal d'une jeune enfant.

selon que l'on considère les os courts du pied ou les os longs des segments du bras ou de la cuisse, de l'avant-bras ou de la jambe. Tandis que les os courts du carpe et du tarse subissent une ossification endochondrale pure et s'ossifient par un seul point d'ossification (assez tardivement après la naissance), l'ossification des os long des membres (humérus et fémur, radius + cubitus et tibia + péroné, phalanges des doigts et des orteils) s'accomplit d'une façon plus complexe et commence beaucoup plus de bonne heure (à partir du 3e mois de la vie fœtale). Dans ces os, l'ossification commence au milieu de la pièce cartilagineuse (diaphyse) par une ossification périchondrale (ossification périostale) et se poursuit à ses deux extrémités (épiphyses) par végétation du cartilage (ossification enchondrale). Les épiphyses restent longtemps cartilagineuses et contribuent à allonger l'os. Assez tardivement elles voient se former dans leur intérieur des centres spéciaux d'ossification (noyaux épiphysaires). Le cartilage épiphysaire se transforme ainsi en os spongieux qui reste cependant recouvert à sa surface d'une couche de cartilage (*cartilage articulaire*) et pendant longtemps reste séparé de la diaphyse par une mince lame de cartilage, aux dépens de laquelle s'allonge ultérieurement la pièce osseuse, le *cartilage de conjugaison*. — Cette lame s'ossifie en effet, sur ses deux faces, par ossification enchondrique et allonge sans cesse l'épiphyse jusqu'au moment où la croissance est achevée. A ce moment le cartilage de conjugaison disparaît et la diaphyse se soude aux épiphyses.

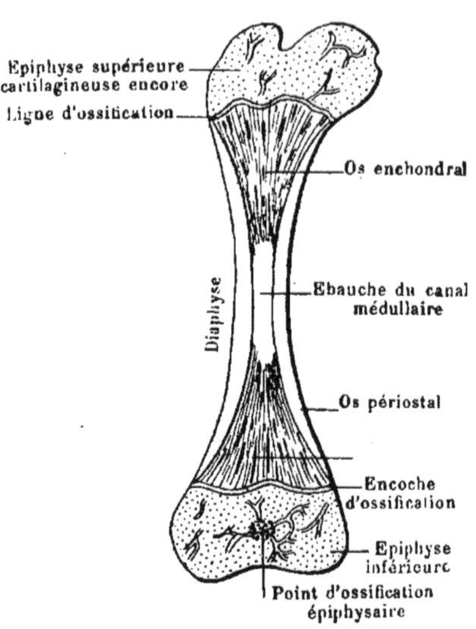

Fig. 144. — Développement d'un os long (fémur).

Le canal médullaire des os longs se forme par résorption du tissu osseux spongieux qui se développe au centre de la diaphyse, aux dépens du cartilage primitif.

Quant aux *articulations* elles apparaissent de bonne heure, bien avant que les conditions mécaniques qui feront mouvoir plus tard les segments des membres les uns sur les autres se soient manifestées.

Au moment où les segments cartilagineux apparaissent dans les bourgeons des membres, ils sont déjà séparés les uns des autres par une bande d'un tissu spécial, *bande articulaire*, *disque intermédiaire*, au sein de laquelle se feront les *fentes articulaires* des articulations mobiles.

TABLE DES MATIÈRES